江苏省高等学校重点教材(2021-2-017)

U0358503

用户体验与创新设计

徐　俊　陈嘉嘉 编著

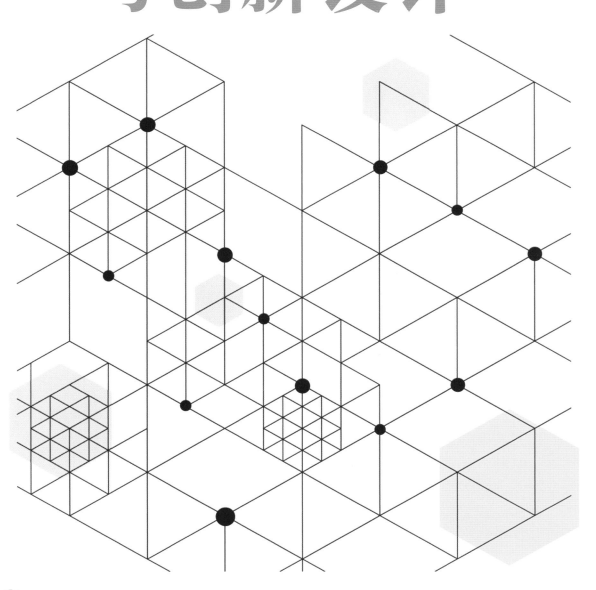

南京大学出版社

图书在版编目（CIP）数据

用户体验与创新设计 / 徐俊，陈嘉嘉编著 . -- 南京：
南京大学出版社，2022.1（2025.1 重印）
　　ISBN 978-7-305-24145-1

　　Ⅰ.①用… Ⅱ.①徐… ②陈… Ⅲ.①人机界面 – 程
序设计 – 教材 Ⅳ.① TP311.1

　　中国版本图书馆 CIP 数据核字（2020）第 265588 号

出版发行　南京大学出版社
社　　址　南京市汉口路 22 号　　　　　　邮　编　210093
书　　名　**用户体验与创新设计**
　　　　　YONGHUTIYAN YU CHUANGXINSHEJI
编　　著　徐　俊　陈嘉嘉
责任编辑　刁晓静　　　　　编辑热线　025-83592123

照　　排　南京新华丰制版有限公司
印　　刷　南京凯德印刷有限公司
开　　本　889mm×1194mm　1/16 开　印张　8.5　　字数　240　千
版　　次　2025 年 1 月第 1 版第 2 次印刷
ISBN 978-7-305-24145-1
定　　价　52.00 元

网址：http://www.njupco.com
官方微博：http://weibo.com/njupco
微信服务号：njuyuexue
销售咨询热线：（025）83594756

用户体验与创新
设计作业单

前　言

　　本教材集多年教学实践，面向职教本科课堂教学需求，解决传统职业院校教材"理论与实践脱节""产教融合等同案例制作""能力培养单一"等问题，突出职教本科数字媒体专业知识技能培养之外的设计思维和方法的培养，组建高职院校、本科院校教授、一线教师与产业教授的编者团队。与数字媒体产业龙头企业——江苏凤凰数字传媒有限公司合作，从学生设计思维培养、职业能力提升出发，以职教本科数字媒体艺术设计专业人才培养目标为依据，体现专业核心能力需求，将博物馆等爱国主义教育基地中的文化遗产、绿色环保的生活方式和数字经典文库阅读等作为典型案例和学生作业的来源，挖掘并拓展课程思政的元素和应用方式。

　　教材内容的选取上，坚持知识技能的实用与设计方法、创新能力提升结合，体现技能训练与企业案例结合，使教材具备科学性、合理性、实用性和针对性，在"教、学、做"中实现"知行合一"和产教融合。教材的结构安排突出"用户研究""确定需求""创意与概念设计""原型与测试""案例分析与项目汇报"的五个企业典型工作环节，创造性的从常用用户体验工具箱中，选取企业项目使用频率最高、效果最好的部分进行组合，并配合可视化作业单，让工作中抽象的设计思维和方法可视化，满足教材使用者易学易用的需求。

　　本教材以成果导向的方式，将理论、方法、学习任务、用户体验日记、学生作业范例和作业单结合，将以用户为中心的设计思维和基于方法的训练融入教学全过程。

　　整本教材难度适中，学练结合，内容系统。提供电子课件、电子作业单、微课、学生作业示范案例等数字资源。教材的整体策划与框架设计、案例选择、作业单设计等由南京信息职业技术学院、南京艺术学院、江苏凤凰数字传媒有限公司共同完成，其中第一章、第三章、第五章、第六章由徐俊、孙敏完成，第二章、第三章由徐俊、陈嘉嘉完成，第四章、第六章由葛冬冬、徐俊完成。因编者水平有限，编写时间仓促，书中难免存在疏漏和不足之处，肯请广大读者批评指正。

　　本教材可作为高职高专、职教本科数字媒体相关专业使用，也可作为设计、新闻传媒、计算机软件等行业的培训教材和参考用书。

目　录

第一章
用户体验设计概述

【学习目标】

理解并概述用户体验的概念、目标，能够理解用户体验的模型——心流模型，并分析设计案例。了解并能辨认用户体验方法和双钻模型。理解用户体验设计中的两个关键概念，以用户为中心和注意力与记忆在设计中的重要性和意义。

微课：用户体验设计概述

一、用户体验的概念及目标

用户体验（User Experience，UX）强调一个产品或服务如何发挥作用，如何被人使用。用户体验的从业者和学生通常来自不同的学科背景，如计算机科学、心理学、商科、人类学、设计学、工程技术类学科。多专业交叉使得用户体验的定义多样，最早由唐纳德·诺曼（Don Norman）在 1993 年提出，他认为人机界面和可用性太狭隘，希望用用户体验囊括体验的所有环节，包括图形设计、界面、交互和操作。被普遍认为具有代表性的定义是卢卡斯·卡瓦里尼（Lucas Daniel）2005 年提出，"使用者在操作或使用一件产品或服务时候的所做、所想和所感，涉及到产品和服务提供给使用者的理性价值与感性体验"。用户体验专业协会（UXPA）将用户体验定义为"用户与产品、服务和系统交互过程中感知到的全部要素。用户体验设计包含构成界面的全部要素，例如页面布局、视觉设计、文字、品牌、声音和交互等。可用性工程协调各个要素之间的关系，并为用户提供最佳交互体验"。也就是说，用户体验不是指一个产品如何工作，而是它如何与外界发生联系，发挥作用，而这之间重要的连接是"人"，即"用户"。简单来说，用户体验是人们使用产品或服务时，由交互和感知带来的整体效果。

可用性是用户体验的重要目标。它关注体验是否易于学习、是否能够有效使用。好的体验设计能在较短的时间里让用户轻松明白地学会如何使用，顺利完成任务，并且在下次使用时仍然记得这一流程。目前，大量设计将用户体验置于可用性之上，认为设计师应更多地关注用户体验，提出为了说服、情绪和信任进行设计。这时，用户体验的质量至关重要，它是用户与产品或服务互动过程中产生的情感和感受。正如诺曼（Norman，2004）所言，实现正常的工作、可以理解并且可以使用的产品是不够的，我们同样需要给人们的生活创造快乐、兴奋、乐趣、褒奖以及美好。McCarthy 和 Wright 提出了技术可作为体验框架，从感觉、情感、复合、时空四个核心线程解释了用户是怎样感觉"用户体验"的。

1.感觉线程

感觉线程即用户在情景体验中的感官感受，类似于诺曼提出的本能层。它是各种技术设备和应用程序达到的专注程度，用户在其中高度沉浸，可以包含的情感有兴奋、恐惧、痛苦、沮丧、舒适、愉快、同情等。

2.情感线程

情感线程框架关注用户情感如何与产生它的情景相互交织，如在忙碌的早高峰，用户生气和焦急的情绪来自于网约车软件搜索不到可用的车辆。

3.复合线程

这一线程是我们在体验过程中做出的内部思考，它设计体验的叙述部分和人们解决它的方法。如购物App通过提示、引导的方式帮助新用户完成购物，提供便利、愉悦的购物体验。

4.时空线程

时空线程是我们体验所发生的时间和空间以及它们对体验的影响。关于时间和空间以及它们之间关系有许多思考的方法，如关于时间可以思考速度的快慢与平衡，可以思考现在、过去、未来。思考空间时，可以思考公共空间、私人空间等。

二、好的用户体验的模型——心流模型

心流（Flow）模型（Csikszentmihalyi，1992）普遍用于指导娱乐和游戏设计。心流是人们全身心投入某事时的一种心理状态，人们处于这种情境时，往往不愿被打扰，即抗拒中断。当一个人将精力完全投注在某种活动上时就会拥有某种心流，同时会有高度的兴奋及充实感。沉浸在心流中的人们不但会感到深深的满足，也会无视时间的流逝，而且因为全神贯注于手中的工作而彻底忘了自己。

心流理论显示，让用户进入"心流"状态有如下三个条件。

1.用户在进行某项活动时必须有明确的目标和进展，增加任务的方向性和结构性。

2.任务必须有明确而及时的反馈，以帮助用户调整自己的状态。

3.任务完成过程中需要平衡任务的挑战和用户的能力，使用户有信心完成手中的任务。

心流模型图表现了用户能力与接收挑战难度之间的关系。心流体验产生在任务难度与用户能力水平的动态平衡中，此时用户可拥有愉悦、轻松、快乐的体验。随着时间的推移，当任务难度超出或低于用户能力水平时，心流体验即被破坏，用户体验跌入无趣或焦虑。如图1-1所示，A点所示为任务难度较大，而用户能力较低，此时心流体验被破坏，用户

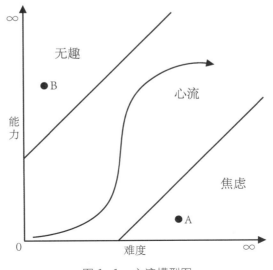

图1-1　心流模型图

感受到的是焦虑。相反，若在 B 点，用户能力较高，而任务难度较低，愉悦、沉浸感很强的心流也被破坏，人们感受到的是无趣。能够感受到心流体验的产品或服务不在少数，如果你用过健身应用程序 Keep 一定会被它对你在运动过程中的鼓励、反馈、反馈等交互所吸引。例如，使用 Keep 完成夜跑，起初 Keep 提示你注意呼吸技巧、步伐频率。跑了一段时间后，Keep 开始发出坚持、鼓励的语音提示。最后，当跑步任务完成时，用户会收到应用程序发来的奖励、鼓励、分享等交互选择。在整个跑步过程中，通过不同时段的用户交互反馈，让用户沉浸在跑步情境中，更流畅、持久的完成跑步任务，达到良好的心流体验，促成好的用户体验。

三、用户体验研究方法的选择

用户体验设计由一系列的方法和模型组成。 国内外研究者总结出用户体验研究方法主要包括用户观察法、用户访谈法、问题架构、问题定义、原型及测试等方法。用户体验模型包括双钻模型（图 1-2）、五环节模型（图 1-3）等。本书综合上述研究，在斯坦福大学 d.school 的用户体验五环节基础上，确定了"理解目标用户""确定需求""创意与概念设计""原型与测试"四个环节（如表 1-1 所示），其中"理解目标用户"环节选择了四个方法，如表所示包括用于用户观察的"Fly on the wall"，理解用户使用流程的流程树法和用户旅程地图法，以及为用户进行画像的典型用户画像法。在"确定需求"阶段，包括将获得的数据进行分析的亲和图法，通过设计洞察获得的设计机会点，以及之后从"目标用户""希望达成的效果"和"原因"三方面进行阐述的阐述设计任务法。"创意与概念设计"阶段主要针对前期的设计任务，其中"类比法"主要为设计创意寻找现实联系和情境；"情境故事板"通过可视化方法将产品或解决方案呈现在某一情境中，主要是描述一个故事；"情绪板法"主要解决产品的视觉设计；"草图与故事板"是一种概念设计，主要将产品或解决方案放在某个情境中，用草图和分镜的形式呈现主要功能的典型使用故事。"原型与测试"环节中的"任务流"主要展示原型的关键功能过程；"线框图与纸原型"都属于低保真原型，主要帮助设计师定义信息架构；"速简版可用性测试"通过最小数量的用户测试，达到搜集用户反馈，进行下一步设计迭代的依据；"黑色思考帽"对方案提出建设性修改意见的方法，之后可进行低保真原型和高保真原型设计；低保真原型主要测试产品或解决方案的功能；高保真原型用于创建真实产品前进行更详细的测试；"五秒测试法"是另一种通过第一印象测试产品的方法，可与速简版可用性测试共同使用。

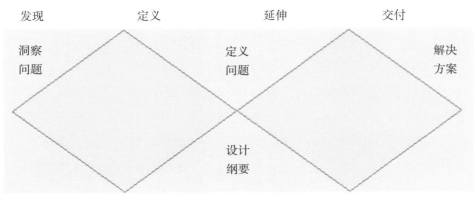

图 1-2　双钻模型

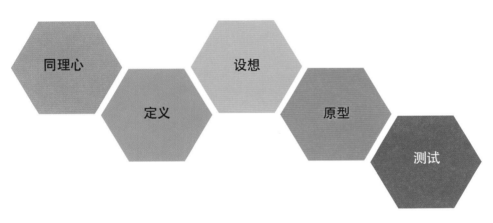

图 1-3　五环节模型

表 1-1　用户体验方法列表

理解目标用户	确定需求	创意与概念设计	原型与测试
Fly on the wall	亲和图法	类比法	任务流
流程树法	设计机会点	情境故事板	线框图与纸原型
用户旅程地图	阐述设计任务	情绪板法	速简版可用性测试
典型用户画像		草图与故事板	黑色思考帽
			低保真原型
			高保真原型
			五秒测试法

四、用户体验关键概念

1. 以用户为中心

设计中有一个非常重要的概念——心智模型（Mental Models），它是人们通过经验、训练和教导，对自己、他人、环境以及接触到的事物形成的模式。诺曼将设计人员、用户和系统各自模式之间的关系整理成图表。用户模式指用户在与系统交互作用的过程中形成的概念模式，设计模式是设计人员使用的概念模式，系统表象呈现出的系统的物理结构。由于设计人员通过系统表象与用户沟通，并且希望用户模式与设计模式一致，但在实际的设计中，系统表象不能清晰地反映出设计模式，用户就会在使用过程中建立错误的概念模式，对用户体验的品质带来影响。

以用户为中心的设计（User-Centered Design，UCD）的理念是让产品、服务适应用户需求，而非用户适应产品和服务。这需要在产品的整个生命周期中设计的技术、流程和方法都以用户为中心。以用户为中心的三个重点是：深入、准确地理解用户和他们的任务，尽早进行可用性测试，以及通过迭代的方式优化设计。深入、准确地理解用户和他们的任务强调系统地、结构化地获取用户体验，这其中涉及大量被验证有效的方法，这也是本书阐述的重点之一。对用户的关注和研究有助于理解用户需求、行为习惯、心理预期和内心诉求，可以说，用户理解得越透彻，后续开发阶段的反攻越小，整个体验设计的成功率越高。用户体验设计提倡尽早进行可用性测试，包括易学性、有效性和无错误三个方面。通过用户体验原型的测试，可以尽早发现设计的实用性问题，便于在正式投入市场之前做出调整。迭代设计是人机交互领域近几十年设计流程的一项重大变革，区别于传统瀑布式开发，迭代式设计依托原型，通过一次次的设计、测试、修改优化方案，包括投入市场前的纸原型测试、低保真原型测试、高保真原型测试、Alpha测试等。迭代式开发流程不是线性的，而是通过不断的迭代和调整，得到最优的设计方案和产品。

在实际的设计过程中，需要将以用户为中心的理念融入产品开发的整个生命周期。斯坦福大学的 d.school 以设计思维（Design Thinking）为依据，围绕以用户为中心的理念提出设计的五个步骤，即同理心（Empathy）、定义问题（Define）、创意（Ideate）、原型（Prototype）、测试（Test）。五个部分以迭代的方式，围绕用户需求展开设计实践。上文提到的用户体验工具箱中的工具和方法也是按照这五个步骤组织，如在同理心阶段有"用户访谈法""Fly on the wall 法""利益相关者地图法""用户画像法"，在定义问题阶段有"亲和图法"，在创意阶段有"故事板法""情绪板法"，在原型阶段有"纸原型法""低保真原型法""高保真原型法"，在测试阶段有"启发式评估""视频测试法""Alpha 测试法"等。

2. 注意力与记忆

通常，人的认知涉及思维、记忆、学习、幻想、决策、看、读、写和交谈等。人们根据具体的过程对认知进行描述，这些过程包括：注意力、感知、记忆、学习、阅读、说话和聆听、问题解决、规划、推理和决策。其中，注意力和记忆是用户体验设计中与人最相关的两种过程。

注意力是在某个时刻，人的心理活动在众多可能的事物中指向或选择一个，并把精力集中在这个事物上。注意力是用户能够专注于与用户正在做的事情相关的信息。这一过程的困难程度取决于我们是否有明确的目标和用户需要的信息在环境中是否显而易见。

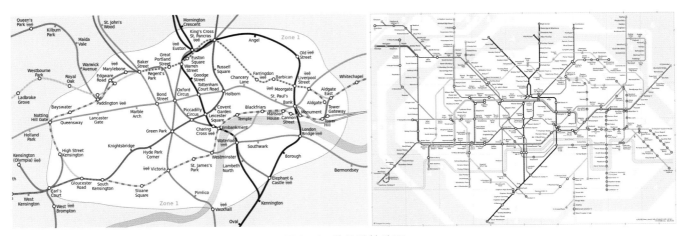

图 1-4　伦敦地铁地图

如果用户明确知道目标，知道需要找什么，我们就可以把可获得的信息与目标相比较。如果目标不明确，并不清晰地知道需要什么，用户就会泛泛地浏览信息，期待发现一些有趣或醒目的东西。比如点菜，如果有明确的目标想吃麻辣口味的菜，就会直接注意菜单上是否有辣椒的图标或提示，如果没有明确想吃的，就会把注意力集中在菜品的具体介绍上，花时间研究。在此，我们介绍影响注意力的第二个元素——信息的呈现方式。信息的呈现方式对用户能否捕捉到适当的信息片段产生很大的影响。著名的伦敦地铁线路图就是很好的例证，伦敦地铁系统早在 100 年前就相当复杂，最初的设计是在伦敦地图上按照列车路线准确地标注出站点和线路，这使得地图杂乱难读。Harry Beck 设计的线路图把地图现存的蜿蜒曲折的弧线改成直线——水平、垂直和 45 度角。他还扭曲了比例，把站台等距放置，移除了上方的街道网络。这个分新的线路图呈现出稀疏的、类似电路板的设计，为了易读性，抛弃了精确的地理关系。此外，设计中将伦敦市中心区域放大，从而方便呈现高密度地区的站点分布。这种易读性优先于真实性的理念把庞杂的信息进行了删简优化，方便用户快速准确地搜索和获取乘车所需的信息。

在现代社会，许多人在手机、电脑、平板等各种屏幕上花费大量时间，加上移动网络的普及，时刻在线已经成为大众日常生活的状态。普瑞斯（Press，2018）和罗杰斯（Rogers，2018）在描述关于多任务和注意力的关系时，仔细观察了一个学生志愿者在会议现场如何同时完成多种任务。这个学生同时进行四个即时消息聊天，检查两个社交网站，同时看起来又像在听演讲，做一些笔记，在搜索引擎上查找演讲者的背景。那么人是否可以同时完成多个任务呢？在多重任务对记忆力和注意力的影响研究上有两个重要发现：一是任务的性质和所需的注意力决定人们是否可以同时完成多个任务；另一方面，个体差异在完成多任务时也表现明显，多任务负荷小的人能更好地分配他们的注意力，而多任务负荷大的人容易分心，很难过滤掉不相关的信息。

用户体验中谈记忆，主要由于对体验的设计与设计一系列行为密切相关。诺曼在《设计心理学》（*The Design of Everything*）中指出，日常情况下，行为是由人脑中的知识、外部信息和限制因素共同决定的。记忆是储存在头脑中的知识，人们可以快速地把信息块记忆下来，如单词、名字、词组、数字、日常生活中的部分内容等，这些被称为短时记忆，通常的信息容量是 7 ± 2 信息块。短时记忆相当脆弱，如果受到其他活动的干扰，记忆的信息就会立即消失。相信很多人有数数过程中被突然响起的电话铃声打断的经历，在挂掉电话的那一刻突然发现刚数的数字已经忘记了，这正是短时记忆的特点。

另一种尝试记忆储存的是过去的信息，它的储存和提取需要花费时间和精力。通常长时记忆的问题不在于它记忆的容量，而在于如何存储和提取信息。常见的人类如何记忆和提取信息有三类：记忆任意性信息、记忆相关联的信息和通过理解进行记忆。任意信息本身与其他已知信息无特殊关系，人们通常使用死记硬背的方法记住。由于大多数事物都具有某种组织结构，这就极大地减轻了我们的记忆负担，人们通过信息间存在一定的关联进行记忆。通过理解的记忆是一种更有效的记忆方式。其中设计师为用户建立正确的心理模式尤为重要，否则用户可能用自己不恰当的心理模式采取行动。

记忆也是储存于外界的知识，它们只存在于特定的情景中，你需要置身其中才能获得。因此，外在记忆最重要、最有趣的功能就是提醒，它清楚地显示出头脑中的知识和外界知识的交互作用。提醒有新信号和信息两个层面，信号指有件事要记住，信息指这件事是什么。实际的设计如软件对新手用户的使用步骤提示就是通过提醒降低记忆负担，获得了好的用户体验的一个例子。自然匹配也是减轻记忆负担的一种方法，正确的自然匹配不需要任何图表和标注，如果你不用看说明书就能把柜子门装上，完全没有指示图的灶具你可以无误地开关，那么这个设计中的自然匹配就做得很好。

认知心理学上理解，记忆就是回忆各种知识以便采取适当的行动。它包括通过储存

（store）和编码（encode）将信息储存到记忆中，通过检索（retrieve）和召回（recall）从记忆中找回信息，这两个过程成为我们与记忆相关行动的主要途径。认知心理学家通过大量的实验指出提高信息储存和信息找回的策略，如信息储存中的编码处理，对信息所处情境的重视，在信息找回中对信息编码、使用定向回忆、扫描识别等。

关于记忆在设计中使用的小贴士：

· 考虑用户的记忆能力，不要使用复杂的程序执行任务。

· 提供多种信息编码的方式，如类别、颜色、标记、图标、时间等促进用户的检索、回忆、访问。

· 在特定的情景中为目标用户提供提醒，降低认知负荷，帮助记忆，提高用户体验的品质。

第二章

理解目标用户

【学习目标】

　　理解并概述用户心智模型与现实模型，掌握理解用户的 Fly on the wall 法、流程树法、用户旅程地图法、典型用户画像法和数据分析与结果呈现的亲和图法，并能在项目情境中使用这五种方法。

微课：理解目标用户

一、用户心智模型与现实模型

模型在认知心理学中一般用来展示信息加工的过程和方式，通常包含多个部分以及展示它们之间是如何关联并处理信息。模型可以将复杂的系统用简化的示意图展示出来。一个成功的模型至少包含两点：易于学习、便于操作。认知心理学中，"心理模型是外部世界的某些因素在人脑中的反应，操作心智模型能使人们进行推测和推理（Craik，1943）。心智模型涉及两个过程——建构和运行过程，它们既可能是有意识的心智处理，也可能是无意识的心智处理过程，在处理过程中图像和类比被激活"。简单来说，心智模型是人们对某种事物，甚至周遭世界的理解和解析。例如，对于操作电视机这样的事，普通人往往只需要知道如何打开、关闭、选节目，也就是说具备操作电视机的心智模型，它主要来自于以往的经验，反映出用户的想象和期待。而专业的工程师懂得更深层的模型，它关乎电视这一机器的程序和工作机制，诺曼称之为系统模型，主要反映技术，这就是设备和机器的系统模型。库珀（Cooper）和莱曼（Reimann）在《交互设计精髓》一书中指出，在用户的心智模型和机器设备的系统模型之间存在第三种模型——表现模型（Represented Model）。在数字时代，计算机复杂的系统模型被隐藏起来，用户操作一个"电视选节目"的按钮，便可出现可供选择的菜单，而无需用户理解工作原理，也不必将过程展现出来。这一模型与设计使工作紧密相关，需要设计师在对用户现有经验和期望的研究基础上，将机器设备 / 系统的运行机制转换为用户认为该如何操作，机器设备 / 系统如何帮助用户完成这些操作的表现模型。对于用户来说，表现模型越接近心智模型，则越容易被接受，反之将给用户的认知和使用带来困难，如图 2-1。

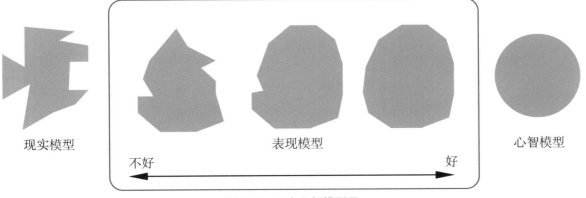

图 2-1　用户心智模型图

用户心智模型最成功的例子是现在很多电子读物软件都通过模拟书架、书本的页面样式，让表现模型与用户心理的实际的书架、书本相似，以帮助用户顺利地使用读书软件。

二、理解用户：用户观察与访谈

微课：Fly on the Wall

1. Fly on the Wall 法

任何一项设计都离不开用户行为的理解，Fly on the wall 是一种传统的，通过观察、倾听，了解用户及其行为的方法，而且成本低、实施方便。千万不能小看这一方法的作用，走到真实的用户中去，观察他们的行为并记录下来是每个设计师的必修课。"Fly on the Wall"形象地向我们展示这一方法对观察者的要求，尽量减少对用户的影响和干预，采用跟随或侦探式的方法，同时用文字、插图、照片等多种形式完成观察笔记。

观察笔记的视角和框架是这一方法的关键。在此我们使用一种人种志的观察方法——AEIOU [1]，五个字母分别是 Activity（行为），Environment（环境），Interaction（互动），Object（互动时的物品）和 User（用户）首字母的组合。其中"行为"是一种用户完成某一目标的行为模式，它与用户完成某一任务的行为和过程有关。"环境"指行为发生的环境，即被观察用户所处的环境。"互动"包括人与人的互动和人与物的互动，在此之间产生的空间和距离同样需要注意。互动时的物品是用户完成任务时用到或接触到的物品，在此要同时关注用户行为中的主要物品和次要物品。用户通常是环境中被观察的对象，他们的外貌、衣着、角色、需求、与周边的关联等都是观察中需要记录的信息。之所以从这五个方面观察用户的行为，是因为人们通常出于自我保护会不同程度地将一些信息隐藏起来，有时甚至自己都没有意识到。因此单单通过语言很难真实了解人们的困境，这时就是 Fly on the Wall 大显身手的时候。

通常 Fly on the Wall 法包括五个步骤：

1. 选定一个你打算观察的情境、行为或对象等；

2. 带上作业单、相机、铅笔等工具；

3. 选一个不会打扰用户的地方进行观察，注意自己的行为不会提高用户的警惕心，因为这种干扰可能会降低观察笔记的真实度；

4. 将自己所见、所听、所察觉到的记录下来，请不带任何评价和判断如实记录你所看到的；

5. 将观察中一些突发事件或有别常态的情况记录下来，这些可能就是灵感的来源。

现在就可以带上 Fly on the Wall 作业单（见附页），按照上面五个步骤完成观察练习了。

下面这篇日记体用户体验记录是笔者在美国宾夕法尼亚大学考古学及古人类学博物馆参观后写的，该馆的非洲馆新展厅希望给观众带来新的体验，让展览更加有吸引力。观众们不仅拥有新的参观体验，更看到博物馆人这样做的原因，他们展出了观众调研的数据，增加了与观众互动的白板。作者用 Fly on the Wall 观察人们的行为，得到以下一些体会。

用户体验日记

关键词：Fly on the Wall

宾夕法尼亚大学考古学及古人类学博物馆位于美国费城的宾夕法尼亚大学校园内，建造于 19 世纪后期，现在的博物馆用三层空间展示了来自古代地中海、埃及、近东、美索不达米亚、东亚、中美洲、非洲和美洲原住民的文物。

图 2-2　宾大博物馆外观

整个博物馆让我最有兴趣的非洲馆，不是因为它的展品，而是它与观众沟通的方式。在不大的展厅里，我看到博物馆人为改变博物馆体验所做的努力。展厅入口的介绍不再是用陈述的语气告诉观众非洲是什么样、这个展览将带来什么，而是一个问题："你想象中的非洲是什么样？"后面更是把观众调查的数据表格展示出来："观众如何体验展览""哪个主题观众最喜欢""展览中观众最喜欢什么""博物馆忘记什么了吗""分享你的创意"。因为这里主要讲 Fly on the Wall，这里详细说下当天在"分享你的创意"白板前观察到的情境。

 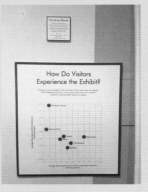

图 2-3　展厅内景 1

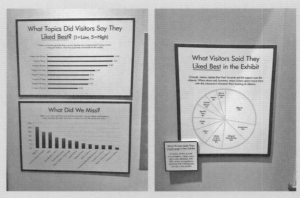

图 2-4　展厅内景 2

　　一个小女孩，正在留言白板上写着什么，她手中的笔一端用线连在白板上，不用的时候自然垂落下来。孩子的父亲站在离她一步远的地方查看手机。小女孩写之前并未和她的父亲有所交谈，整个过程也是由孩子独立完成。她来博物馆这天正好是母亲节，因为是周末，人很多。但摩肩擦掌的观众中，留言的只是凤毛麟角。留言板的顶端写着四行字，希望以此与观众互动：

　　"分享你的创意！

　　这个展览仍在持续改变。帮我们一起优化它吧！

　　你认为这些改变如何？

　　你还想看到些什么？"

　　整个留言板上一共只有 7 处留言和 6 种涂鸦，7 处留言是 "animals fur（动物皮毛）、Happy Mother's Day（母亲节快乐）、Hello People（大家好）、African Clothes（非洲服装）、More Mummies（更多的木乃伊）、Live Lion（真正的狮子）、More（更多）"，6 处涂鸦可以辨认的是 5 个，其中 3 个是爱心形，1 个为笑脸，1 个为火柴头人。当我咧嘴笑看这些"留言"的时候，甚至想象宾大博物馆工作人员看到这些留言时的表情。确实我们看到一些反馈，比如没有一项是负面信息，这意味着观众对新展览体验的认可。而对"你还想看到些什么？"这一问题，有效的回应只有三个，占所有留言观众总数的 23%，三个回答是，"African Clothes（非洲服装）、Live Lion（真正的狮子）和 More（更多）"。故事开头提到的小女孩，她只是把这个留言板当成了她的画板，画了一个填满绿色的爱心，孩子们都喜欢这个，何况今天是母亲节，受到别人作品的影响呢。另一个角度而言，小女孩在没有成人帮助下无法读懂顶部的问题。设计的时候，设计师应该考虑可能在留言板上留言的人的类型。怎样让潜在用户更好地互动，符合他们的生理、心理特征和使用习惯，是值得思考的问题。

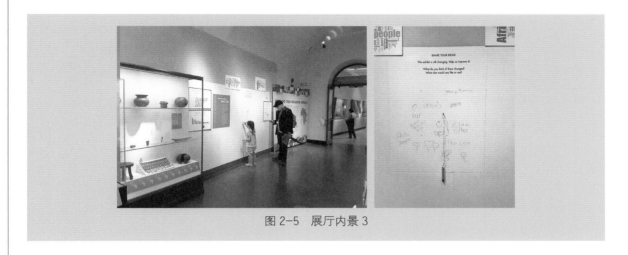

图 2-5　展厅内景 3

▶ 学习任务

选择一个情境，如学校食堂某个窗口、体育馆器材借用处、图书馆图书借阅处等，使用 Fly on the Wall 作业单，完成用户观察。

2. 用户使用流程分析——流程树法

任务分析最常见的产出物是那些对用户为达成目标所采取步骤或行为的描绘。当我们把所有这些步骤都解析清楚了，就很容易发现用户在哪些步骤中付出了额外的努力（然后通过类似默认勾选 / 数据代入 / 自动化实现等方式简化用户操作）、哪些步骤是能够直接去除以缩短操作流程的。

任务分析是通过观察普通用户的行动来了解他们如何执行任务并实现预期目标的过程。任务分析有助于识别产品网站和应用程序必须支持的任务，还可以通过确定适当的内容范围来帮助您优化或重新定义站点的导航或搜索。

（1）任务分析的目的

《用户和任务分析界面设计》一书中，JoAnn Hackos 和 Janice Redish 指出，执行任务分析可以帮助读者理解以下几个方面。

- 用户的目标是什么；他们想要实现的目标有哪些
- 用户实际做了些什么来实现这些目标
- 用户带来的任务（个人、社会和文化）
- 用户如何受到物理环境的影响
- 用户以前的知识和经验如何影响
- 他们如何看待自己的工作
- 他们执行任务所遵循的工作流程

（2）何时执行任务分析

在流程的早期执行任务分析非常重要，特别是在设计工作之前。任务分析有助于支持以用户为中心的设计过程的其他几个方面，包括以下几点。

- 产品／服务／内容和要求的收集
- 制定内容策略和网站结构
- 线框图和原型设计
- 执行可用性测试

UXPA 的可用性知识体系将分解高级任务的过程分解为以下步骤：

1. 确定要分析的任务。

2. 将此高级任务分解为 4 到 8 个子任务。子任务应根据目标来规定，并且在它们之间应涵盖整个感兴趣的领域。

3. 绘制每个子任务的分层任务图，确保它完整。

4. 生成书面账户以及分解图。

5. 将分析呈现给尚未参与分解但又知道任务以确定一致性的其他人。

另一个可参考的步骤：

1. 根据用户研究，确定需要分析的目标用户的目标。

2. 对于每个目标，确定常见方案以及用户或系统将在每个方案中执行的任务和决策。不要假设您和您的利益相关者对任务有相同的理解。我们的想法是在图表中明确任务流程，以便您可以通过与用户一起浏览图表来检查您的理解（步骤 4 和 5）。

3. 生成一个图表，其中包含用户在实现目标的过程中可能遇到的每个任务和决策点。虽然有几种图解语言可用于生成任务流程图，但基本外观是任务和决策点框的流程图，以及显示任务之间的方向性和依赖关系的箭头。该图应涵盖步骤 2 中确定的常见方案。

4. 将图表呈现给主题专家，该专家非常了解任务，以检查准确性。

5. 与用户和／或主题事项合作，注释任务流程图以确定感兴趣的领域，风险或潜在的挫折感。

3. 用户旅程地图

用户体验的概念最早由唐·诺曼（DonNorman）博士在 1993 年提出，诺曼博士具有电器工程和认知心理学双重专业背景，20 世纪 90 年代他为美国苹果公司设计即将上线的新产品，首次将"用户体验"作为术语用在设计产业中。正因为用户需要的并不是一个孤立的产品，而是全方位的身心体验，用户体验地图即是一种从用户视角出发，将前期用户研究工作系统化、全景化、视觉化的方法，它可以帮助记录产品或服务的需求，评估当前状态或预测未来可能的情况，体验痛点，寻找机会点，促进设计、技术、商业等项目中不同团队的合作，帮助产品或设计决策的制定，最终达成商业目标。

下图是凯特（Kate Kaplan）在尼尔森网站 https://www.nngroup.com/articles/customer-journey-mapping/ 的"何时及如何用用户旅程图（When and How to Create Customer Maps Journey）"中提出的用户旅程图的三个区域和相应的八个部分，A区为用户模型区，其中"1"是用户画像（是"谁"），"2"要体验的情境（是"什么"），以及目标与期望。B区为体验区，是整个地图的核心；"3"体验阶段，"4"用户的行为，"5"用户的想法，"6"用户情感变化图。C区主要是洞察和痛点的发现，其中"7"机会点，"8"负责部门（即这部分属于哪个团队的权责范围）。

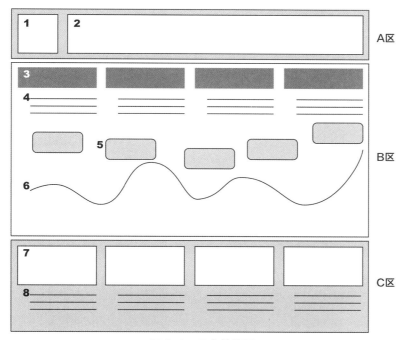

图 2-6　用户旅程图

用户体验旅程图包括以下步骤。

1. 确定目标

用户体验图通常可以先确定此次研究的目标，确定用户画像和体验场景。

2. 研究资料汇总

这一阶段将所有前期研究资料汇总，如用户访谈、问卷、行为观察、用户画像、亲和图等，如果发现需要追加新的资料，及时补充。常被用到的研究方法包括用户访谈、人种志和情境调查、用户调研、网站和社交媒体分析、竞品分析。

3. 接触点与交互发生情境

接触点通常是用户与产品或服务发生交互的关键点。具体设计中接触点包括两种，即信息触点和操作触点。信息触点由用户与产品或服务接触的信息内容组成，任何用户能够接收到的信息载体都可以成为信息接触点，如文字、图片、符号、音视频等；操作触点则是用户可以与产品或服务发生互动的控件，实物或虚拟的均可，如 App 按钮、酒店前台、电灯开关等。

用户体验设计过程中，接触点的梳理至关重要，它是分析、绘制某一系列用户流程图的关键。通道是交互发生的场所和使用场所，如在网站、APP 导航中，或在实体店内。

在这一阶段，首先用头脑风暴法将接触点和交互通道尽可能详细全面地写出来。随后讨论整理出整个任务流程关键的接触点和交互通道，剔除重复，补充遗漏。接触点与上图中的体验阶段相似。

4. 用户情感变化图

用户体验地图中，用户在情境中的情感变化是至关重要的关注点之一，它与用户的行为、思考、感受密切相关。用户情感变化图的绘制需要大量质性研究。具体绘制方法是：在用户行为时间线上按照接触点画出情感变化，可以用曲线、折线配合表情图完成。一般先将各接触点的情感体验排序，指数高的则位置高，指数低的则位置低，如上图 B 区所示。

5. 绘制用户体验地图

用户体验地图的绘制也需要各种数据资源的汇集和想法的碰撞。在分析、讨论整个任务过程中，需要完成图 C 部分的"机会点"和"所有权"。机会点是思考每个行为节点、每个痛点背后是否有机会点、创新点。这一部分也可以将竞品与之比较。

4. 典型用户画像

典型用户画像法（Proto-Personas）是在用户体验中确立目标用户的行为特征和需求的一种方法。通过对真实用户的深刻理解，创建虚拟形象。它强调同理心和以用户为中心的思维，但与传统用户画像最大的区别在于，它不强调第一手的用户研究资料，任何对研究有启发的用户研究资料都可采用，因此可节省大量的时间和精力。

通常当目标用户不明确，或用户动机普遍，且对用户同理心和以用户中心思考不足时使用典型用户画像。有效的用户画像包括以下几点。

①代表主要用户群

②代表最重要用户群的需求和期待

③用图片把用户期待和他们可能如何用产品画出来

④展示普遍的特性和功能

⑤描述一名典型用户的背景资料、目标和价值

一般而言，典型用户画像法包括基础数据收集、行为建模、构建画像三个部分，经历了问卷调查、访谈、大数据收集、人种志等数据搜集后，对数据进行提取，确定最主要用户的需求和期待，创建典型用户画像，并在小组中分享和讨论这一画像。通常围绕既定的目标用户选 4 到 12 名不同领域的相关人员进行访谈，与目标用户有直接接触的人为佳，因为他们可以给出最具价值和启发的第一手资料。

通常，用户画像包括基本信息、照片、行为特征、人群特点等，注意在描述用户画像时想象自己是在写一位熟悉朋友的故事。下面分享一个用户体验日记，以及根据这一故事完成的典型用户画像。

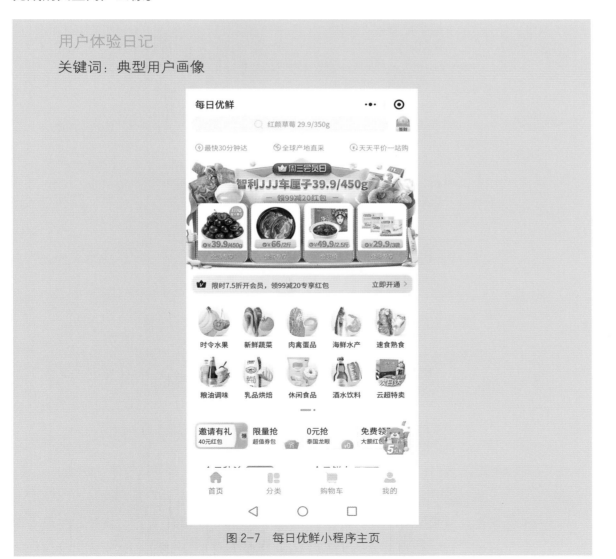

图2-7　每日优鲜小程序主页

使用每日优鲜好几个年头，最初是因为打折券力度大、配送时间精准。后来因为小区里快递基本都被放在菜鸟驿站，购买重量大的东西，也必须自取，给我带来很大麻烦。而每日优鲜平台不但可以买到生鲜食物，货品也拓展到日用百货，其一如既往送货到门的服务留住了我。慢慢地我开始习惯在每日优鲜平台上购买整箱牛奶，体积或重量大的东西，比如南瓜、大白菜、卷纸等。但几天前，我出差，家里的牛奶直到喝完都没有再次下单。怎么才能让小程序的服务更贴心呢？用什么样的提醒既不错过购买易耗品的时间，也不给用户带来麻烦呢？

下表是根据每日优鲜小程序的使用故事完成的用户画像。

表 2-1　用户画像

基本信息	Vivian，35 岁，职业女性，7 岁和 4 岁孩子的妈妈，现住在扬州。	照片 提示：此处为真实人物照片
兴趣爱好	她爱好烹饪，对各种菜谱 App 如数家珍。周末会精心为家人准备丰盛的菜肴，或邀请朋友来个家庭聚餐，一起尝尝她新 Get 的手艺。但她并不在意烹饪做得是否完美，而是享受从准备食材到亲朋好友因为聚餐而情感增进的喜悦。 Vivian 非常关注食材的品质，喜欢选购有机食物，她是不少商家的会员，并且对自己辨别食物的品质很有自信。 Vivian 爱好旅行，也会将旅行中品尝到的特色食物在家中尝试，因此成为家庭聚餐中的明星。	
典型的行为	周末，Vivian 7 点起床，为全家准备营养早餐。早餐后，与孩子一起读书、画画。 上午 10 点半收到每日优鲜生鲜送来的有机牛奶、鱼肉和蔬菜。 整理清洗后，12 点做完午饭，与家人共进午餐。 午休中将缺少的食材通过小程序增加到购物清单里。	
未来的目标	Vivian 希望每日优鲜能向她的菜谱 App 里推送食材的链接，并能把她在旅游中通过拍照、语音记录下的菜肴照片，转成食材和菜谱推送给自己。	

▶ 学习任务

使用典型用户画像作业单完成 Fly on the Wall 情境中用户的画像。

三、数据分析与结果呈现

1. 亲和图法

成功的设计必然来自成功的研究。设计需求探索阶段，设计师通过观察、访谈、问卷、研读前人研究成果等方法获得大量用户的行为、痛点、需求、期望等原始素材，也包括一些设计师的洞察，此时需要对这些海量复杂信息进行比较、分类、组合、归纳，发现问题的全貌，识别规律，建立假说或发展理论。亲和图法（Affinity Mapping）被认为是在这

微课：亲和图法

江苏省高等学校重点教材（2021-2-017）

用户体验 与创新设计

作业单

徐 俊 陈嘉嘉 编著

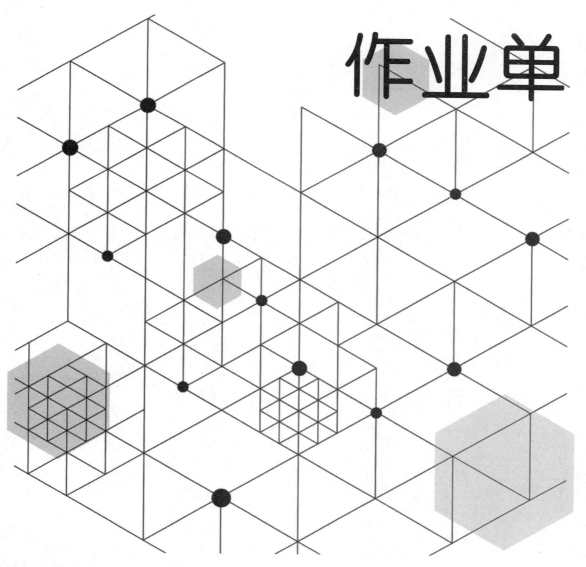

南京大学出版社

Fly on the Wall 作业单

Fly on the Wall是一种传统的,通过观察、倾听,了解用户及其行为的方法,而且成本低、实施方便。千万不能小看这一方法的作用,走到真实的用户中去,观察他们的行为并记录下来是每个设计师的必修课。"Fly on the Wall"形象向我们展示这一方法对观察者的要求,尽量减少对用户的影响和干预,采用跟随或侦探式的方法,同时用文字、插图、照片等多种方法完成观察笔记。

请跟随下面的步骤,使用Fly on the Wall方法一步步完成用户观察。

1. 实地观察前	
A:请写出你打算观察的情境、行为、对象:	B:出发前确认已带上作业单、相机、铅笔等工具。 已带未带

2. 实地观察	
行为(A):	
A:用户完成某项任务的行为和过程是什么?	
B:用户用了多长时间完成任务?	C:哪些人与用户一同完成任务?

（续表）

环境（E）:

A: 用户周围是什么样的环境?

B: 任务的不同阶段，用户接触了哪些不同环境?

互动（I）:

A: 记录用户的互动场景

B: 用户在完成任务的各个阶段都与哪些人 / 物互动?	C: 互动中的一些突发事件或有别常态的情况。

（续表）

互动时的物品（O）：

A：完成任务时用户接触到哪些物品？描述物品的材料、样式、所处环境。

B：这些物品与完成任务如何关联？

用户（U）：

A：被观察的用户是什么角色？与 Ta 有关的人有哪些？

B：Ta 所在的场景有哪些？

用户旅程地图作业单

用此地图分析小组项目，注意用户体验地图强调的是从用户的角度，而这些用户是虚拟的、并具有某种共同特质。

A 区		
用户画像	体验场景	目标与期望

B 区					
体验阶段					
用户行为					

C 区					
机会点					

用户画像作业单

请为项目 / 产品的目标用户设计典型画像，注意这个人物并不是现实中真实存在的，而是一个符合你项目或产品定位的目标用户。

基本信息（包括姓名、年龄、性别、职业等，描述成一段故事）		照片 提示：此处为真实人物照片
兴趣爱好 （描述成一段故事）		
典型行为	位置特征：如用户所在区域特征、用户移动轨迹等	
	设备属性：用户使用的终端的特征等	
	行为属性：访问时间、典型行为等信息	
未来的目标		

现象洞察及机会点作业单

请在下面列表中依次写出目标用户、洞察到的现象以及相应的设计机会点。

目标用户：	现象洞察：	机会点：
请在此描述目标用户的特征。	归纳你在观察、访谈中发现的现象、问题、不便等，至少列出 5 个。	从 1 个或多个现象、问题、不便提炼出可能机会点，可能是 1 个对应 1 个，或多个对应 1 个 / 多个。至少列出 5 个。

阐述设计任务作业单

请根据下面的句式，完成设计任务的阐述。

请根据下面的句式，完成设计任务的阐述。

"我希望 _____（目标用户）

能够 _____

_____（希望达成的效果），

因为 _____

_____（这样做的原因）。"

情境故事作业单

用已有的典型用户画像和创意创建目标 / 任务情境故事。故事包括所在情境、能动者、目标、行为、事件五个要素。每个情境至少用一段故事描述用户如何完成任务。

1.

情绪板法作业单

名称			
核心关键词			
1.	2.	3.	4.
视觉资料			
色彩			
材质			

【草图绘制练习】

1. 设计团队选择一个准备解决的设计问题，此问题通过上面几章的步骤已经明确。

2. 团队中的一名成员作为记录员和裁判。

3. 在三十分钟内每位团队成员画出 8 张草图，并向小组成员汇报。

4. 各团队内投票，每人两票，选出三个最高票数的方案。

5. 每位团队成员用 30 分钟时间为这三个方案画出 8 幅草图。

6. 各团队内投票，每人两票，选出最高票数的方案。

草图绘制作业单

以下两个模板，用于步骤 3-4。

①请每人画出 8 幅草图，并向小组成员汇报，②各团队内投票，每人两票，选出最高票数的方案。

草图模板 I（A 面）		
1	2	
描述：_____ _____ _____	投票：	描述：_____ _____	投票：
3	4	

描述：_____ 投票：

描述：_____ 投票：

_____草图模板 I（B面）

5

6

描述：_____ 投票：

描述：_____ 投票：

7

8

描述：_____ 投票：

描述：_____ 投票：

草图模板 II

以下两个模板用于步骤 5-6。

草图模板 II（A 面）	
1	2
描述：＿＿＿＿＿＿＿＿＿ ＿＿＿＿＿＿＿＿＿＿＿ ＿＿＿＿＿＿＿＿＿＿＿　　投票：	描述：＿＿＿＿＿＿＿＿＿ ＿＿＿＿＿＿＿＿＿＿＿　　投票：
3	4
描述：＿＿＿＿＿＿＿＿＿ ＿＿＿＿＿＿＿＿＿＿＿ ＿＿＿＿＿＿＿＿＿＿＿　　投票：	描述：＿＿＿＿＿＿＿＿＿ ＿＿＿＿＿＿＿＿＿＿＿　　投票：

草图模板 Ⅱ（B 面）

1

2

描述： _____

_____

_____

投票：

描述： _____

_____

_____

投票：

3

4

描述： _____

_____

_____

投票：

描述： _____

_____

_____

投票：

【故事板绘制练习】

这里提供一个故事板绘制以及草图绘制的小练习，可以配合本节提供的两个作业单使用，其中完成故事板绘制需要 2 个小时左右，草图绘制需要 2-4 小时。

1. 选用一个故事或一段体验，也可以使用上文的情境故事，务必使故事或体验需要传达的信息清晰、准确。

2. 将故事线或体验流程写或画出来。这一部分需要思考如何用"图"描述每一个步骤，并确保每个重要的信息都清晰地包含在"图"中。

3. 快速绘制故事板，并修改。

4. 自查故事板是否清晰、准确、易于理解。

5. 将故事板拿给不熟悉该设计的人看，获得反馈并修改。必要时可在每一幅图下加解释性短句，帮助理解。

6. 向利益相关者汇报故事板，记录反馈意见并优化。

＿＿＿＿＿＿＿＿＿＿＿＿＿＿＿＿ 故事板		
1	2	3
描述：＿＿＿＿＿＿＿＿＿＿ ＿＿＿＿＿＿＿＿＿＿＿＿ ＿＿＿＿＿＿＿＿＿＿＿＿	描述：＿＿＿＿＿＿＿＿＿＿ ＿＿＿＿＿＿＿＿＿＿＿＿ ＿＿＿＿＿＿＿＿＿＿＿＿	描述：＿＿＿＿＿＿＿＿＿＿ ＿＿＿＿＿＿＿＿＿＿＿＿ ＿＿＿＿＿＿＿＿＿＿＿＿
4	5	6
描述：＿＿＿＿＿＿＿＿＿＿ ＿＿＿＿＿＿＿＿＿＿＿＿ ＿＿＿＿＿＿＿＿＿＿＿＿	描述：＿＿＿＿＿＿＿＿＿＿ ＿＿＿＿＿＿＿＿＿＿＿＿ ＿＿＿＿＿＿＿＿＿＿＿＿	描述：＿＿＿＿＿＿＿＿＿＿ ＿＿＿＿＿＿＿＿＿＿＿＿ ＿＿＿＿＿＿＿＿＿＿＿＿

_____ 故事板

7	8	9
描述：_____ _____ _____	描述：_____ _____ _____	描述：_____ _____ _____
10	11	12
描述：_____ _____ _____	描述：_____ _____ _____	描述：_____ _____ _____
13	14	15
描述：_____ _____ _____	描述：_____ _____ _____	描述：_____ _____ _____

数据输入作业单

请从五个方面分析一个产品／服务／系统的输入和输出方式，作业模板如下。

名称		
	描述	典型图片
数据类型		
输入方法		
数据输入的频率		
数据输入时的情境		
获得数据时的负担		

数据输出作业单

请从五个方面分析一个产品／服务／系统的输入和输出方式，作业模板如下。

名称			
	子名称	描述	典型图片
信息输出结构	模式		
	格式		
	位置		
信息输出的内容			
信息输出时状态			
信息的推拉模式			

任务流作业单

纸原型测试观察作业单

请在"任务环节"中写下你观察到的任务名,如"挑选商品""付款"等,在观察记录中记录下用户在选择或操作时存在的困难,在"问题级别"中用数字 1 到 5 描述问题困难程度,1 为最低,5 为最高。

任务环节	观察记录	问题级别(1-5)

速简版可用性测试作业单

用户 1： 用户描述：＿＿＿＿＿＿ ＿＿＿＿＿＿＿＿＿＿＿ ＿＿＿＿＿＿＿＿＿＿＿ ＿＿＿＿＿＿＿＿＿＿＿ ＿＿＿＿＿＿＿＿＿＿＿	时间：　　　　　地点：　　　　　测试者：
	a. 您认为这个产品是做什么的？
可用性问题关键词 （3–5 个）： a. b. c. d. e.	b. 您在试用时看到了什么？
	c. 您认为这个产品如何？
	d. 您在试用时有哪些不便之处？
	e. 您有哪些改进意见？

（续表）

用户 2： 用户描述：_____ _____ _____ _____ _____ _____	时间：	地点：	测试者：
	a. 您认为这个产品是做什么的？		
可用性问题关键词 （3–5 个）： a. b. c. d. e.	b. 您在试用时看到了什么？		
	c. 您认为这个产品如何？		
	d. 您在试用时有哪些不便之处？		
	e. 您有哪些改进意见？		

（续表）

用户3： 用户描述：＿＿＿＿＿＿ ＿＿＿＿＿＿＿＿＿＿ ＿＿＿＿＿＿＿＿＿＿ ＿＿＿＿＿＿＿＿＿＿ ＿＿＿＿＿＿＿＿＿＿ ＿＿＿＿＿＿＿＿＿＿	时间：	地点：	测试者：
	a. 您认为这个产品是做什么的？		
可用性问题关键词 （3-5个）： a. b. c. d. e.	b. 您在试用时看到了什么？		
	c. 您认为这个产品如何？		
	d. 您在试用时有哪些不便之处？		
	e. 您有哪些改进意见？		

（续表）

用户4： 用户描述：_____ _____ _____ _____ _____ _____	时间：	地点：	测试者：
	a. 您认为这个产品是做什么的？		
可用性问题关键词 （3-5个）： a. b. c. d. e.	b. 您在试用时看到了什么？		
	c. 您认为这个产品如何？		
	d. 您在试用时有哪些不便之处？		
	e. 您有哪些改进意见？		

（续表）

用户 5： 用户描述：_____ _____ _____ _____ _____ _____	时间：	地点：	测试者：
	a. 您认为这个产品是做什么的？		
可用性问题关键词 （3–5 个）： a. b. c. d. e.	b. 您在试用时看到了什么？		
	c. 您认为这个产品如何？		
	d. 您在试用时有哪些不便之处？		
	e. 您有哪些改进意见？		

个案研究作业单

个案研究法应用在用户体验或产品设计项目最后，它是体积小而精炼，始终围绕客户角度展开叙事，展现设计过程，向客户讲述一个易于记忆、快速诉说、便于分享的故事。个案研究并非基于灵感的写作，而是设计研究、用户体验等理性工作的记录。

一、概述

此处是整个项目的摘要。潜在客户在不阅读整个内容的情况下就能快速了解您过去工作的亮点。本节应包括所有其他部分的核心内容，如主要问题、解决方案概述和关键性成果。写作过程中，可以先写下面各个分部分，最后完成概述。

二、设计任务

本部分旨在为潜在客户介绍项目背景和设计任务。

a. 项目背景 / 进度安排 / 预算 / 最终目的

b. 设计任务：阐述该项目存在的原因以及打算解决的问题

c. 最终目标

三、过程和洞察

本节应详细展现设计过程。你是如何找到最终解决方案的？有哪些步骤可以帮助读者看到深入的洞察和解决方案背后凝聚了大量的付出和工作。结果很重要，但结果产生的过程同样重要。

四、研究过程

a. 目标受众 / 典型用户画像

b. 用户旅程地图

c. 阐述设计任务

d. 情绪版

e. 线框图

f. 设计草图 / 故事板

g. 任务流

h. 设计原型

i. 原型测试

五、解决方案

使用详细的图像和视频展示最终设计，并提供实时项目的链接。描述你的设计作品。阐述产品功能，用户体验，导航结构，内容策略或独特的属性。补充的视觉材料可以让潜在用户对你的设计更信任。

六、成果

总结中包括反思，如是否已有项目的定性和定量成功指标？这些应该直接解决设计任务的目标。如果这是客户工作，请附上客户采用证明。这也是一个总结经验教训的机会，可以包括将来对流程 / 方法的调整设想。

责任编辑　刁晓静

封面设计　冯晓哲

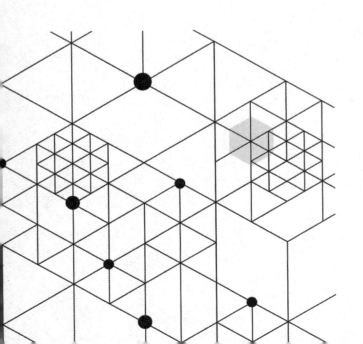

ISBN 978-7-305-24145-1

9 787305 241451 >

定价:52.00元

一阶段行之有效的方法，它在 20 世纪 60 年代由日本人类学家川西田二郎发明，也被称为 KJ 法，经过五十多年的发展，该方法已经成为全球管理的七大方法之一，同时被广泛应用在用户体验设计的需求探索阶段。亲和图法是一种对原始素材进行自下而上归纳探索的方法，一般在两种情况下运用：①已经获得大量无序信息；②应用亲和图法突破传统思维模式，获得新发现。

亲和图法所需的材料包括：大白（黑）板（每小组一个）、便签贴（三种颜色）、马克笔。

具体的步骤包括：

①将素材写在便签贴上

将用户行为、痛点、需求、期望、现阶段洞察等前期发现概括地写在便签纸上。这些发现可来自前期问卷、访谈、观察等定性和质性研究结果，也包括现阶段想法创意。

②将便签纸无序地贴在白（黑）板上

③分类、组合

从墙上取下一张便签并阅读，把意义相近的置于同一类别。分类与组合的过程通常会经历多次类别的调整，甚至全盘推翻，正是这一过程让我们能够获得新的发现。在得到自己或小组觉得不错的分类、组合后请其他人来看一下，听听他们的意见。

设置一个"？"类便签，这里用于放置一些暂时无法归类的便签。

④讨论环节

a. 每个类别下每人投三票，分别为重要性的高、中、低三个层次。用红点、黄点、绿点表示。

b. 整理投票结果，确定重要性层次。

c. 整理亲和图，保存结果。

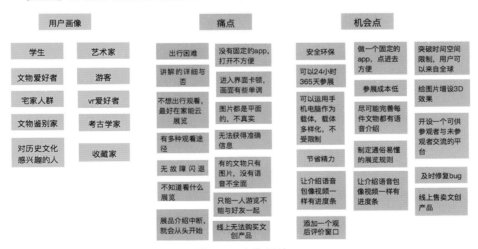

图 2-8 亲和图法

用户体验日记

关键词：用户体验课——亲和图法（Affinity Mapping）环节

在阅读材料中，亲和图法解释为从头脑风暴、搜集、观察、用户访谈等方面搜集来的大量数据中找到有意义的数据，获得信息。教师首先要求学生将事实（Facts）、痛点（Pain points）、洞察（Insight）三个方面的发现，写在便签纸上，每一张纸写一点，每个方面用一种颜色。这一部分独立完成。15分钟后，小组成员聚集起来，把自己所写的全部拿出来并讨论。要求每个小组按照一定的类别重新组织贴纸，以此发现数据中的重复或类似的想法。

亲和图的优点在于：

· 便于对搜集来的数据进行小组讨论和转换

· 数据精炼、剔除无用部分

· 在关键主题、行为模式和露出苗头的机会点上聚焦

这个部分明显发现学生们有困难，一名来自工业设计专业的同学有亲和图的使用经验，在将原始素材写在便签纸上后，很快带领小组成员分析并归类便签纸，找出如"金钱""位置""下单""菜单"等类别。而另两个小组同学在剔除无用或重复信息上耗费很多时间，没有在规定时间内完成。

第三章

确定需求

【学习目标】

　　理解并概述设计任务阐述的框架，能够用作业单中的句式完成设计任务的描述。掌握典型用户画像的内容框架和填写方法，并能在项目情境中使用五种方法。

设计通常也被称为问题解决，这也意味着在解决任何一个问题前，需要发现问题、确定问题。可以说，整个设计过程中，最具挑战的就是定义问题环节了，这一环节的成功与否对下一步问题的解决至关重要。此间需要综合上一阶段的用户、情境研究的工作。这一部分也决定了整个设计的正确路径，否则设计就会在黑暗中徘徊。

设计问题的定义也会为我们带来前所未有的新机会。例如潜在汽车买家的真正需求并不是他没有车，而是涉及他的交通出行的问题，这就可能会带来共享汽车的解决方案，服务因此取代了产品。

分析和综合不是单向流程，通常需要不断地交织。著名的设计思维并不是系列步骤，而是解决问题的模型。这里讲一下我们常用的分析和综合方法。分析通常是将复杂的问题分解成易于理解的各个小部分。通常是在用户研究、情境研究中展开。这些方法可以帮助我们把问题看清楚。综合则像拼图一样，把前面一个个研究、发现、想法组合起来，最终确定要解决的问题是什么。当然，分析和综合不只是在设计开始阶段，在整个设计活动过程中，分析和综合是不断往复进行的。

上一章我们用到的亲和图法、情感地图法是我们经常用到的综合资源的方法，也是开始下一步定义问题的必要步骤。

微课：设计机会点

一、设计机会点

对于机会点的挖掘有两种方法：第一种是通过分析当前场景用户需求挖掘机会点；第二种是通过对用户下一步目标的预期来寻找机会点。

在此，举例通过分析第一种方法，即通过分析当前场景的需求并挖掘机会点。以手机接听电话的交互方式为例。接听电话存在两种不同的场景，锁屏状态下和非锁屏状态下。锁屏状态下，电话打入时手机放在包或口袋里，用户将手机从口袋里取出并接听。此时的痛点是取出手机时，容易误碰屏幕，导致误操作。因此某些手机品牌基于这个痛点，将锁屏状态下的接听方式设计为滑动接听，以避免误操作；而在非锁屏的场景下，用户多数情况正在使用手机，注意力较集中，采用点击接听的方式更方便且快捷。

第二种寻找机会点的方法为预期用户下一步的目标意图。首先需要对上文场景进行判断，结合对当前场景的描述与分析，预期用户接下来的行为，从而寻求当前场景的设计机会点。一般有三种预期的方法：

1. 通过成组的动作进行预期

2. 通过用户的认知流程进行预期

3. 通过产品的使用流程进行预期

如对在线文档编辑软件，成组的动作包括复制、粘贴、编辑、保存、分享。通过用户认知流程判断，用户使用手机浏览新闻的动作包括：点击新闻条目、向下滑动、反向滑动、可选择分享等。通过产品使用流程进行预期的案例包括，手机支付公交车票时，点开应用、对准机器扫码、查看扣款信息等。

用户体验日记

关键词：设计机会点

在此我们通过一个博物馆智能产品设计的例子，讲解设计机会点确定的方法。在确定目标用户，即完成典型用户画像之后，将洞察到的问题和痛点描述出来。之后从一个或多个现象中提出可能的设计机会。如面对"为青年留学生设计博物馆礼物"的任务，目标用户是18-25岁的留学生，洞察到的现象包括：留学生在中文的听说读写方面有困难、现有部分礼物价格过高、没有可以自己动手组装制作的礼品、没有与音乐相关的周边、与手机等电子设备相关的周边较少。随后，通过组内投票的方法，每人1票，投出你认为最有价值的洞察。经过小组投票，语言的困难、缺少音乐周边和手机及电子产品周边少三个现象的得票最高。机会点上得票最高的是"将壁画、书法做出拼图"和"做一些耳机、音乐盒之类的周边"。在最终的成品设计中，学生设计了激光交互的古琴，琴弦可以通过手指的运动发出宫、商、角、徵、羽五音。

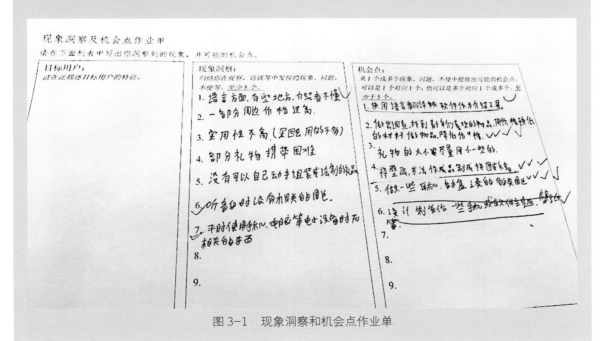

图 3-1　现象洞察和机会点作业单

二、阐述设计任务

实践中我们将设计任务描述为有意义、可执行的问题，并呈现目标导向。设计任务描述包含三个部分：为谁设计，用户需求是什么，有什么洞察。这也被称为 POV 法，POV 法是 point of view 的首字母缩写，在描述问题时，需要通过头脑风暴不断地问"为什么（WHY）"和"如何（HOW）"，通过不断地问 HOW 可以得到更明确、更聚焦的问题；不断地问 WHY，可以使问题更宽广、普遍。通常在设计工作的开始，问题都是宏大和宽泛的，哪怕是在一段时间的研究之后。具体包括以下四步：

第一步，确定用户、关键需求和洞察。这部分的工作已经通过前面的用户画像、Fly on the Wall、亲和图法等方法进行聚焦，此处需要将需要的内容整理出来。

第二步，将用户、需求、洞察分列在表头，完成内容填写。这一部分的用户根据之前的细分，对应地写出需求和洞察。模板如下：

表 3-1　需求与洞察模板

用户	需求	洞察
用户 1		
用户 2		
用户 3		
……		

第三步，将用户、需求和洞察联系起来，这里可以将这三个元素按照下面句子的结构组成一句话：

"我希望 ＿＿＿＿＿＿＿＿＿＿＿＿＿＿＿＿＿＿＿＿＿（目标用户）

能够 ＿＿＿＿＿＿＿＿＿＿＿＿＿＿＿＿＿＿＿＿＿＿（希望达成的效果），

因为 ＿＿＿＿＿＿＿＿＿＿＿＿＿＿＿＿＿＿＿＿＿＿（这样做的原因）"

可以参考的写法如："我希望住在城市里的人能够得到每周不超过 4 次，一小时以内的共享汽车服务，因为这样既经济又环保，受益面也广。"运用这样的结构可以帮助我们明确自己的任务，通过反复揣摩、提炼，明确设计任务。

第四步，检查 POV 句子的有效性。按照三个元素写出的句子是不是能够达到确定设计问题的效果，在此提供六个方面，用于此阶段的检查。

· 设计问题是否更聚焦了？

· 设计问题是否更有结构了？

· 这句话可以启发整个团队？

· 这句话可以指导后续的工作？

· 足够吸引眼球？

· 有效？具有启发性？可操作？独特？更聚焦？有意义？有趣？

根据这六项的检查结果，修改 POV 句子，直到团队成员基本满意。至此，我们完成设计问题描述环节的工作。

上面这些做法，被称为设计思维的方法，它从一开始就不在意"我要设计 A 或 B"，而是转为"我怎么能……"的句式。比如，我怎么能为年轻女性设计一个吸引她们的健康饮食计划呢？我怎么能为养老院出行受碍老人提供院内步行帮助呢？等等。

▶ 学习任务

使用现象洞察及机会点作业单、阐述设计任务作业单完成机会点确定和设计任务阐述。

第四章

创意与概念设计

【学习目标】

理解创意与概念设计中的类比法，能够写出产品／服务的情境故事，能够完成情绪板的制作，根据创意绘制草图和故事板，并能在项目情境中使用四种方法。

　　通过前面几章的学习，已经了解用户以及它们的需求，确定设计问题，分析提炼研究结果，并以个人为中心陈述问题。下面我们将进入下一步：确定设计创意，这也是设计思维中常说的第三步—设计想法的产生。这里讲的创意不是宽泛意义上的想出新点子，而是从"新"和"有用"两个方面指导创意。"新"是指这个创意有别于其他创意，呈现出新意；"有用"则是指创意对某人或社会有效。

　　在明确了这两点后，我们开始思考创意是如何产生的。在研究解决问题的过程中，我们发现两条创意生成的路径。一是对问题有一个想法，然后不断细化、深入各个部分，最终得到一个解决方案。另一个方法是，对一个问题从多个方面去思考，一次提出尽可能多的想法，然后将这些想法与上一章的需求列表逐一匹配，保留符合需求的想法，再通过如5W1H法、头脑风暴法、草图法、SCAMPER法、心智图法等最终得到你满意的解决方案。在实际的设计项目中，为了得到一个好的创意，过程通常是艰辛而漫长的。经过长时间的思索和工作，发现自己被卡住无法继续的时候，可以把项目暂时放到一边，试试完全不同的其他事情，说不定就能在其中，找到令你满意的答案。不要小看这个"换脑子"的过程，他并不是占用项目周期，而是每一个精彩创意必须经过的"酝酿期"。

　　目前，人们在创意生成阶段更多地选择后一种方法。具体操作中，用到如类比法、情境故事法、情绪板法等，下面将逐一介绍这几种方法。

一、类比法

　　类比法简单地说就是建立起你想做的设计创意与现有设计的联系，通过比较得到"新"而"有效"的设计。类比法的应用需要明确设计任务目标，也就是希望解决的问题。然后寻找与目标相关的资源，再抽象出你所观察到的资源内容，寻找它与目标之间的关系。这种关系的本质是什么？究竟是什么让它在这种特殊情况下"起作用"？资源与目标之间关系的哪个方面激发了我们的创意？当我们找到这一本质关系后，我们就可以将它转换到你需要解决的问题中。如荷兰代尔夫特大学的《设计方法指南》中提到一个例子，如果你的设计目标是设计一套游泳比赛服，那么你可能的解决方案的资源就是海洋，因为海洋生物中有很多游泳速度极快。目前就有公司通过仿真鲨鱼的皮肤，设计出新型的比赛游泳服。这时我们会发现"鲨鱼皮肤"与设计任务"竞速用泳衣"的本质关系是"鲨鱼皮肤是它游速极快的元素之一"与"泳衣表面结构"的关系，人们仿真设计了泳衣并不光滑的表面。因此，在设计过程中，找到合适的、有助于解决设计问题需要的资源至关重要。当然，自然界并不会自己告诉你怎么解决问题，就像鲸鱼不会告诉你他的皮肤是什么样。从资源中找到创意需要经历上文提到的三个步骤，即确定资源的领域—> 抽象属性—> 应用在问题情境中。类比法让我们在看似不相干的领域里寻找答案，可以帮助我们不只是表面化地看问题，而是深入问题的内部寻找问题，也会给你带来新的创意。通常看似不相干的领域的寻找可能会带来更新的创意，当然，这一切都来自于对设计问题清晰的认识。

如果有机会组织相同的主题设计，可以用词云将大家的创意资源的关键词记录下来，再用词云工具进行分析，就可以得到一个资源的可视化图标。目前有不少在线的中英文词云工具供大家使用，如 me.bdp.cn、图悦、WordItOut 等。

二、情境故事法

20 世纪 90 年代，人机交互（HCI）的专业人士提出场景剧本（Scenarios）的概念，其通常被用来具体化解决问题的方法。它将某种故事应用到结构性和叙述性的设计解决方案中，可以描述为"如果……则会怎么样（if……else）"。

情境故事法是一种既可以用于设计界面又可以进行可用性测试的方法，具有结局开放、便于修改和易于所有利益相关者理解和讨论的特点。情境故事的方法描述用户如何在特定情境中，应用何种技术，通过哪些关键步骤完成特定的任务，告诉我们为什么这些用户使用我们的产品或服务。情境故事通常描述用户完成任务的动机和他们需要回答的问题，并为如何完成任务提出建议。情境故事法的关键是前面的用户故事（user story），并与多目标用户（multiple target users）相关。情境故事也可以分解为多个用户的任务流进行描述。比如描述用户 A 在下班回家的地铁上，如何用手机 App 订购周末的电影票。情境故事法既可以帮助客户将设计团队创意与他们实际的商业应用联系起来，也能为设计团队提供理想的解决方案蓝本。

如何写情境故事呢？上一章我们已经完成了典型用户画像，我们可以考虑用户希望完成的关键步骤有哪些。至此，下一步进行情境故事分析，将用户目标置于情境中并模拟用户路径完成任务流。

情境故事板的撰写包括几个关键部分：

①情境：活动发生的情境

②能动者（Agent）：情境中活动的履行者

③目标：能动者需完成的目标

④行为：能动者为完成目标所实施的行为

⑤事件：当能动者实施境界行为时发生的事件

除此以外，我们需要将用户的情感反馈至故事中，因为好的情感反馈对设计的推动作用巨大。

自从茉莉去年心脏病发作后重返工作岗位以来，她一直努力将定期的体育活动融入日常生活中。

她最近发现的应用程序"健康心脏"正在慢慢改变她。当茉莉正在完成她的会议时，她的活动跟踪器轻轻地振动，表明"健康心脏"已经向她发送了活动建议。当茉莉看着她的手机时，会收到一条消息，向她展示了她下一次会议的 1500 步步行，该会议在她公司校园内的美丽喷泉旁。她有足够的时间走过去，所以她竖起大拇指表示喜欢这个建议，因此她采纳了 APP 建议的路线。那天晚上，晚餐后，"健康心脏"预告说，三天后在 20 分钟路程外的一家餐馆举行 salsa 舞会。"太好了！"茉莉想，"这可能是一种有趣而激烈的活动方式，让我达到每周的活动要求。"她轻点了一下屏幕上的"去做！"按钮，出现了 salsa 舞蹈，随着方向，添加到她的日历。

从以上事例可以看出以下几个方面。

①情境：当茉莉忙碌地开完会时，她收到"健康心脏"APP 发来的运动信息，并发生一系列互动；

②能动者：茉莉；

③目标：定期将体育活动融入日常生活；

④行为：包括茉莉与"健康心脏"APP 的互动，如茉莉读信息并决定是否接受 App 的推荐信息；

⑤事件：茉莉为步行 1500 步去开会的推送点赞后，她收到了三天后舞会信息的推送。

将用户的情感反馈至故事中。文中，我们可以看到茉莉愉快地接受了 App 的运动项目建议。

基于情境故事的设计方法，主要包括以下六种：

①问题情境故事：描述当前情境的特征

②目标 / 任务情境故事：描述用户想做些什么

③活动情境故事：将当前情境转换至新设计情境中

④全任务情境故事：完成整个任务的每个步骤

⑤信息情境故事：用户如何感知信息、与信息互动、如何理解信息

⑥互动情境故事：用户对产品 / 服务的行为，以及系统相应的反馈

不同情境故事板因为各自的优点用在不同的设计阶段，问题情境故事板通常首先被使用，此时设计师收集了用户信息，并做了用户研究。问题情境故事板帮助设计师将信息具体化，明确用户目标。在美国可用性官网的目标 / 任务情境中举了两个例子，一对担心十岁拒绝喝牛奶的孩子的父母想知道孩子的钙摄入量是不是真的有所不同。活动情境故事

帮助测试设计创意，看看技术如何能帮助实现设计目标。互动情境故事在此之后进行，此时设计师已经在众多创意中做了筛选，也考虑到如技术实现的方式，用户行为不至于过于复杂。

在本书这个阶段，我们将应用目标/任务情境和活动情境故事。写作过程中，我们需要从多个角度撰写情境故事草案，而不是写一个完美的长篇文稿。重要的是，情境故事法的应用帮助设计师反思他们设计中预料到或未预料到的结果，并基于此做出恰当的抉择，最大化地提升价值，最小化副作用，最终将设计推向更好的下一步。

三、情绪板法

微课：情绪板法

情绪板（Moodboard）一般指用图片、文字、色彩、实物等材料，将设计内容可视化的一种方法，主要针对所设计的产品/系统/服务搜集，作为设计方向或视觉形式参考。著名的 pinterest 和 instagram 网站为设计师提供了大量可供搜索的可视化资源。它们通过关键词搜索为用户提供各类视觉资料，不仅可以用在视觉设计的开始阶段，也可以在搜集灵感中使用。也有很多设计团队用情绪板作为项目讨论的依据，正因为它可视化的特点，让早期的创意讨论不至于过于抽象。可见，情绪板是依靠可见元素将用户的价值观、期望、情绪等难以言表的信息传递出来。在具体的情绪板法应用过程中，一般包括五步。第一步是核心关键词，这一关键词多为抽象词语，可以使用头脑风暴法将关键词的思维导图画出来。第二步是次级关键词。这一步中，主要是通过发散性问题，将核心关键词细化、具体化，从而拓展使用视觉资源的获取面，帮助发散的问题可以是：看到"绿色"你想到了什么？什么颜色可以代表"休闲"？一种食物给你都市的感觉，会是什么？第三步，将这些关键词在资源网站中搜索，提取图片，生成情绪板。第四步，将次级关键词从视觉、心理、物化三个维度进行分类，这一步的目的是帮助团队成员从用户的角度理解关键词的具象诠释。最后对已经得到的视觉资料进行色彩分析和质感分析，完成情绪板制作。

下面我们用一个虚拟的设计任务练习这一方法。你准备为一家面向都市家庭的有机菜园设计一个APP，那么第一步就是将产品/企业文化、行业特点、目标用户、产品定位等用3-4个关键词表达出来，即找到核心关键词，这时可能想到的有"有机""休闲""安心"等等。用上面的方法讨论次级关键词，可以得到如"植物""鲜花""节能环保""零农药""阳光""轻音乐""自制的""家人"等等（如图 4-1）。

这一步完成后，搜索视觉资料，并按照核心关键词排序，完成第三步。

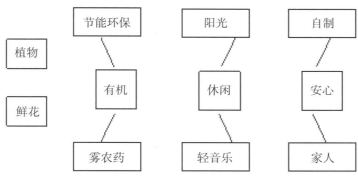

图 4-1　核心关键词

第四步，生成具象诠释表（如图 4-2 所示）。

图 4-2　具象诠释

表 4-1　具象诠释表

		有机	休闲	放心
词典定义				
用户定义	视觉			
	心理	高品质的、健康的、更贵的		
	物化	长势很好的植物、新鲜无农药水果蔬菜		密码锁 家人

第五步，将色彩和材质加入情绪板。

在提取色彩的时候有一个小技巧，我们用 photoshop 把每一项的图片进行高斯模糊，然后用吸管吸色，得到如图 4-3 三个色彩条。

图 4-3　色彩条

最后，结合视觉、心理、物化三个维度分析，找到各类高频的材质图片，如图 4-4 所示。

材质

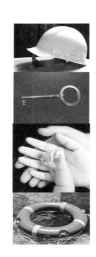

图 4-4　材质图

这样情绪板就做好了，可以在自己的设计中使用了。

用户体验日记

关键词：情绪板法

情绪板法，今天的课只是一带而过。教授问学生之前是否用过情绪板，大约 40% 的学生用过，其中一个女生听到要做情绪板时，不自觉的开心地舞动双臂。课上的故事板一共四页 PPT，前面两页指出故事板的目标和定义，它是设计一幅可以捕捉创意"感觉"的海报或平贴画。重点是将最终产品的感觉、外观、印象通过大的平贴画展现出来，所有的这些都成为视觉灵感。对产品视觉印象的定位帮助团队认同共同的产品方向。

随后有几条小建议：

· 避免过于理性的选择
· 抓住创意的"感觉"，而不是理解性的描述
· 从杂志、网站或企业宣传品中搜集视觉素材
· 运用文字、色彩、图片等表达创意
· 把文字、色彩、图片等作为以后设计的参考，并检查它们是否都与设计目标匹配。

▶ 学习任务

请使用情绪板作业单完成设计任务的情绪板设计。

四、故事板与草图

故事板和草图是原型设计的两种常用形式，故事板是一种最早来自电影领域的叙事工具，也叫分镜。在用户体验领域，故事板用视觉叙事的方法表达设计概念，并告诉用户如何使用它；草图则是一种只使用单张图片描述的原型，它能够快速迭代和优化创意。这两种原型都不具有交互的功能，更多关注用户使用产品 / 服务 / 系统时的故事。由于故事板简便、快捷的特点，设计时可以在设计过程的早期阶段，通过绘制故事板获得产品 / 服务 / 系统在不同情境中的使用反馈。草图有别于故事板的地方在于它可以将单个功能视觉化表达出来，并快速得到反馈。

【故事板】

那么我们何时绘制故事板，绘制草图呢？如果你回头看一下本书的目录，可以发现我们是按照设计工作的流程组织各种方法，这一流程的五个主要环节来自"设计思维（Design Thinking）"，它作为一种创新模式已经在众多高校和企业中得到应用和推广。如上所述，故事板和草图属于原型设计中的一类，它们一般在创意阶段完成后开始绘制。绘制故事板

时，关键并不是画面的完整和精美，而是用"图"的方式，从用户的视角将情境、事件、交互方式、最终结果表达出来，形式上借鉴电影分镜的方式。如果此时，哪怕一个陌生人都能读懂你的创意，则说明"故事板"成功了。

图 4-5 是公园交互式路灯设计的故事板，同学们用九宫格式的故事板讲述了公园交互式路灯的体验方式。可以看到，产品的使用情境是夜晚没有其他照明的公园，用户原先需要自带手电筒，有了交互式路灯后，可以实现跟随用户行走轨迹，照亮用户所及之处。这个创意也许并不是一个最佳的公园交互灯解决方案，但包括了故事板绘制的五个必备元素：情境、用户、事件、交互方式、结果。

图 4-5　公园交互式路灯设计故事板

除了将故事/体验清晰、明确地表达出来外，设计师可以用一些技巧让故事板、草图更加引人入胜、难以忘怀，这就是我们常说的说"故事策略"。故事说的效果如何，人们是否能记得它，能记住多少，这些问题都与说故事策略息息相关。在人类漫长的说故事的历史长河中，故事的视觉形式包括原始人类的岩画、文明早期的埃及壁画、绘画、电影等，将讲故事放在用户体验的语境中，有助于在真实情境中为设计创意或概念诉说一个更动人的故事。

所有的故事都经过设计，图 4-6 所示是常见的小说电影中开端、发展、结局三段式故事结构，曲线不但展现了故事中危机的变化，也体现了观众的情绪变化。在实际的用户体验故事叙事中，我们需要将典型用户带入故事场景中，从故事起因开始，叙述一个个情节，即矛盾冲突如何展开、发展、被解决，以及每一个冲突组成的整体的抛物线形状，最后达到冲突的最高潮和故事的结局。其中设计师必须关注故事中的用户情感，如一个个冲突发生、发展、结束中用户情绪的变化，开心、惊喜、悲伤、恐惧还是愤怒。

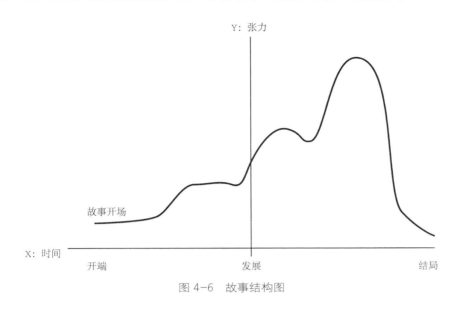

图 4-6 故事结构图

讲故事不是作家或导演的"专利"，一个产品／服务同样需要完整的故事。通常产品故事可以分为三类。第一类是概念故事，也就是让用户从概念上首先接受产品／服务，例如在宣讲会上说一说产品的故事。著名的比如小米为发烧而生的故事。第二种产品故事可以是起源故事，他是用户第一次真正接触产品并成为用户的过程，这其中重要的是产品的推广。第三种是使用故事，它是在产品使用流程中产生的一系列故事，这是用户成为忠实用户的重要一步。在产品故事写作并转换为草图的过程中，概念故事和使用故事尤为重要。概念故事通过描述产品危机、竞品分析等，提出产品定位、价值主张、解决方案。而使用故事，即是将产品定位与典型目标用户关联起来，描绘他们如何使用已经开发出的产品，解决潜在的危机，形成完整的解决方案。通常可以将草图分为七大部分绘制，包括：

- 开场：当前用户的状态，绘制所在情境和典型用户形象
- 触发事件：用户遇到痛点，想起可以使用某一产品帮助解决的画面
- 上升：用户使用产品的关键功能解决痛点
- 高潮：用户体验到产品的核心价值，描绘产品体验时的情境
- 回落：描绘用户使用的最后阶段
- 结尾：描绘用户在某个情境中，使用某一产品解决了问题的心情和状态

▶ 学习任务

请使用草图或故事板绘制作业单完成作品草图或故事板绘制。

第五章

原型与测试

【学习目标】

　　理解人机交互中的输入和输出，能够分析产品某项功能的任务流，理解并能够绘制线框图，制作纸原型。理解速简版可用性测试法，并能用测试作业单完成原型测试。理解黑色思考帽法的使用情境和方法，理解并能制作低保真原型和高保真原型。

微课：原型与测试

一、人机交互的输入与输出

在任何人机交互设计中，数据的输入和输出是两个关键点。广义上看，存在两种数据输入：用户主动输入和被动输入。用户主动输入部分需要设计界面或输入方式帮助用户将信息输入产品／服务／系统。用户输入的方式很多，如图形用户界面中的按钮、开关、文字输入框等，智能产品／系统中的手势、语音、图像等，这些输入方式可以告诉产品／系统用户将要做什么。所有的这些都属于用户主动输入，因为用户向产品／系统实施了行为。而另一类被动输入是产品／系统接收的数据，后台通过各种编程接口在产品／系统或整个互联网上使用。这种被动输入的信息通常通过传感器接收，随着嵌入式和可穿戴传感器的普及，如 GPS、气温、速度等数据已经在许多个人设备中使用，如智能手机、智能手表、个人车载设备等。

从设计师的角度，交互设计的主要任务是设计在产品或系统中有效运行的输入方式，我们可以从下面五个方面考虑：①数据类型是什么？②有哪些输入方法？③需要数据的时间和频率是什么？④用户在何种情境中输入数据？⑤用户为获得信息而承受的负担与获得信息本身的价值之间关系如何？这里，我们用目前流行的记步 App 为例来分析数据输入。它的基本功能是，每天记录用户的步数并可视化呈现给用户，几天后 App 会根据步数记录提供用户步行建议，用户可以选择按此建议修改自己的步行计划，并在后面几天完成。

在这个简单的任务流中，输入的数据类型包括步数、位置、用户步行计划三种。首先 App 需要记录用户的步数，App 运行设备的传感器可以通过上文提到的被动输入方式捕捉到这些数据。对于这个 App 来说，步数是有用的数据，而负担来自数据被动采集的部分，如手机采集步数时得到多少错误数据等。数据获得的时间和频率是每天连续地进行，传感器为主要输入方式，用户数据输入的情境包括用户步行经过的所有地方，而获得数据的限制包括个人隐私和电池的寿命。在步行计划环节，用户输入数据类型是活动计划，提供的两种输入方式是文字输入和列表选择，输入频率为每日，输入情境一般由用户决定，获得数据的负担包括认知负载和手机键盘输入方式。

在这个例子中我们发现，数据输入的类型、情境、频率在某种程度上规定了产品／服务／系统的功能，这些输入体验与诸如挫折感、个人隐私等直接相关。如果数据输入方式与用户所处情境或当前状态不匹配，用户的沉浸感将大大减弱。

数据的输出是人机交互中的第二个关键部分。信息交互过程中的输出通常是由产品／服务／系统向用户传递，用于完成特定功能。我们可以广义地将所有的输出部分看作用户界面。通常我们从输出结构和输出内容两个方面分析，前者关于信息用何种模式呈现给用户，后者与呈现什么信息有关。信息输出结构包括，不同的模式（如视觉、听觉、触觉等模式的信息输出），格式（数字、文字、列表、图形、推送通知等格式的信息输出），位置（App 内、穿戴在用户身上的或嵌入式微型计算机等信息输出发生的地点）。因此，在对输出信息进行设计时，需要考虑：①用户完成任务需要确切了解哪些信息？②用户何时与信息互动，如何互动？③信息输出时，用户在哪？他所处的情境如何？④用户现有的知识基础是什么？产品 / 服务 / 系统的当前状态（state）决定了系统如何将信息传递给用户。当前状态是系统输入的当前值和确定系统将产生何种输出的规则集合。

信息输出有两种常见的方法，即常说的推拉（Push/Pull）模型。在这个例子中推的模型指由 APP 主动将信息推送给用户，拉的模型则由用户主动向 APP 拉取数据。下面是几个推拉模型的建议：

推模型

- 主动推送的信息受 APP 内设的一些规则的限制
- 一般用传感器或用户模型决定推送时间
- 实际应用中注意简洁原则，避免增加用户负担

拉模型

- 信息向用户开放，用户可根据意愿获取
- 信息具备可互动性
- 用户自由控制获取信息数量和何时获取信息的权限
- 用户可根据自身认知能力决定何时获取信息，从而使信息能够被有效使用

用户输入的数据通过产品 / 服务 / 系统转换为用户可见、可感知的输出信息，这一点至关重要。继续用这个记步 APP 举例子，如 APP 每天在用户制定的 5 个时间段向用户推送消息，APP 根据用户当前情境选择信息；用户已经或正在实施活动计划，不推 / 拉信息。此外，我们也需要考虑一些通用的全系统信息输出模式，如飞行模式、免打扰模式、夜晚模式等，这些都对单个 APP 有影响。

综上所述，从信息的视角看，好的用户体验的三个根本元素是输入、输出和将输入转为所需输出的规则。设计信息的输入和输出时，需要考虑用户与产品 / 服务 / 系统互动的时间、地点和方式，以及什么样的信息是必须被给予产品 / 服务 / 系统，产品 / 服务 / 系统又需要给用户提供何种反馈。一个好的方法是信息的可视化，它帮助用户理解产品 / 服务 / 系统行为的原因。

我们这里讲的界面指的是人机界面，它是用户完成某一任务时与计算机互动的媒介。也就是说，界面让用户的现实世界与计算机的虚拟世界连接起来。

用户的行为、动作输出给界面，计算机通过界面处理用户的输入，并给出相应的输出反馈。必须指出的是，用户的行为围绕所设计的任务展开。简单的示意图如图 5-1 所示。

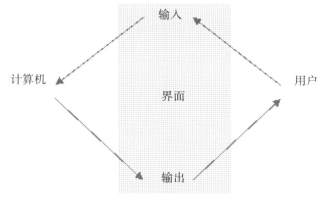

图 5-1　界面交互示意图

二、任务流

微课：任务流

当设计需要将产品故事板、草图转换为一步步的操作过程时，我们使用任务流分析法。任务流是用户为了达到某一目标，针对一个或一系列任务，完成的交互操作的过程。在实际使用过程中，用户并不会一页一页地与产品互动，如在消费品 APP 中，用户会完成典型的用户注册、产品选购、积分换购等任务，这些任务使用户从一个页面链接到另一个页面，完成信息输入和输出，最终实现功能。任务流的绘制通常需要 1-2 个小时，具体包括以下步骤：

1. 首先找出任务流绘制入口

起点可以是自上而下，也可以是自下而上。前者从用户首次接触产品的入口开始，后者是先确定产品功能的关键点，然后展开功能和操作的链接。

2. 入口—任务环节列表—出口

无论选择哪种入口，下一步是确定出口在哪里，然后按照用户完成任务的流程写出从入口到出口的任务列表。这一部分通常需要几次修改才能让列表清晰。

3. 考虑其他可能出口

通常同一个入口会出现不同出口，将可能性尽可能列出来，然后找出入口与出口间的多种链接方式，并画出来。

这一流程图是成都博物馆在线展厅的参观流程，设计中通过前期用户调研和研究对交互流程进行了再设计，并增加了交互的情感和游戏化的内容。

图 5-2 是成都博物馆网络购票和现场取票任务流程的体验分析，其中包括一些现状分析和反思。

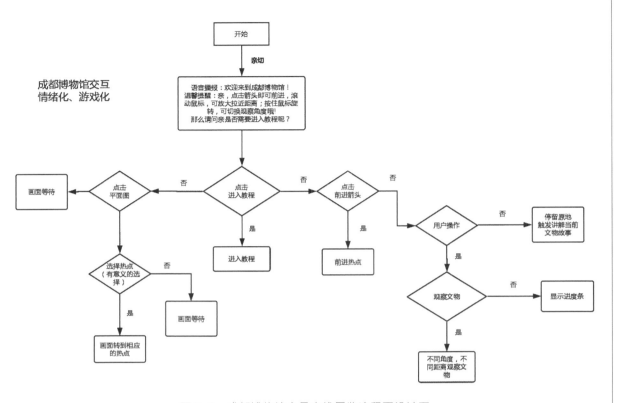

图 5-2 成都博物馆全景在线展览流程再设计图

用户体验日记

关键词：任务流

位于南京市夫子庙景区的中国科举博物馆是近年来新建的一座集古迹、新建馆为一体的大型博物馆。是中国科举制度中心、中国科举文化中心和中国科举文物收藏中心。已开放的部分场馆包括博物馆地下三层，地面上明远楼、至公堂、号舍、碑刻及南苑的魁光阁等，含11个展厅，是中国唯一一家地下式博物馆。在参观前，可以通过网络购票，在此选择美团 APP 平台进行购票。搜索"科举博物馆"即可找到购票页面。购票页面上部为景区的文字和视频介绍，包括1分钟视频简介、地址、开放时间，在"门票预定"部分可选择出游日期和"加入购物车"和"立即预定"，因为这次是当天游览，所以点击了"立刻预定"，并点击数量后的"+"号，确定数量为"2"。点击后出现付款页面，选择微信支付，并确认付款。确认付款后，在首页"我的"菜单下的"待使用"中就可以找到所购门票。"待使用"页面包括所购项目、时间、入园提醒以及入园凭证码。这个凭证码也是在景区购票处领取纸质门票的凭证，领取的门票和上述网购步骤截屏如下图所示。

　　根据以上操作流程绘制的任务流流程图，如下图所示。这里选择的绘制元件是 WPS 的在线流程图绘制模块，绘制完成后输出为 jpg 图片格式。

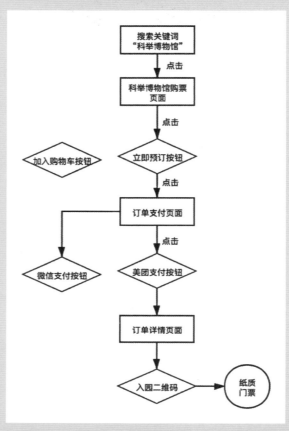

图 5-3　门票网购流程图

▶ 学习任务

　　请使用任务流作业单绘制设计产品的任务流程。

三、线框图与纸原型

微课：线框图与纸原型

　　线框图一般用于基于屏幕的数字产品设计，主要帮助设计师定义信息架构，规划页面布局，也是后续低保真原型设计和测试的基础。

　　按照系统的复杂程度，完成线框图的时间从几个小时到几周不等。在低保真原型设计阶段的线框图不追求完美的画面效果和面面俱到的细节，此时根据上一节任务流中的页面画出线框图。虽然现在有很多好用的线框图绘制软件，这把双刃剑带来便利的同时也束缚了设计师的创造力，因此在第一版线框图绘制时，我们推荐使用纸笔。图 5-4 是目前常用电子屏幕模板，供绘制线框图使用。

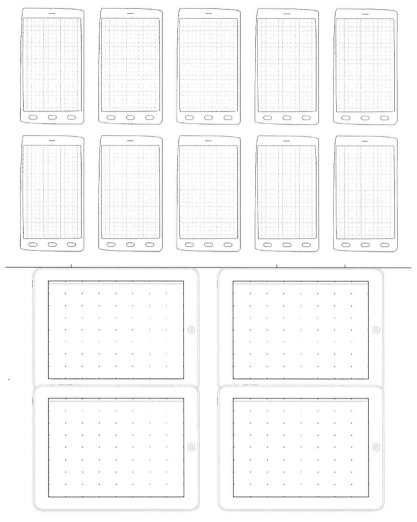

图 5-4　电子屏幕模板

　　工具准备完成后，我们开始绘制线框图。此阶段即是将一个个任务流转换成页面，并设计页面线框的过程，设计师通常需要多次讨论和修改，才能明晰整体产品的信息架构和各页面元素的组织方式。具体包括以下步骤：

　　1. 将任务流程所需的各环节按照功能分配在相应屏幕上。

　　此时用文字将任务流一条条写出来，如一款计步 APP 的修改周计划的任务流是，"点击前一天步数推送信息"—>"点击周计划图标"—>"修改计划"—>"保持"—>"主菜单显示新计划"。

　　2. 选择符合产品屏幕尺寸的模板，设计、布局各个屏幕的元素。

　　这一阶段绘制线框图时，只使用黑白二色。

　　3. 检查全部页面是否与任务流匹配，是否达到产品的设计目标。

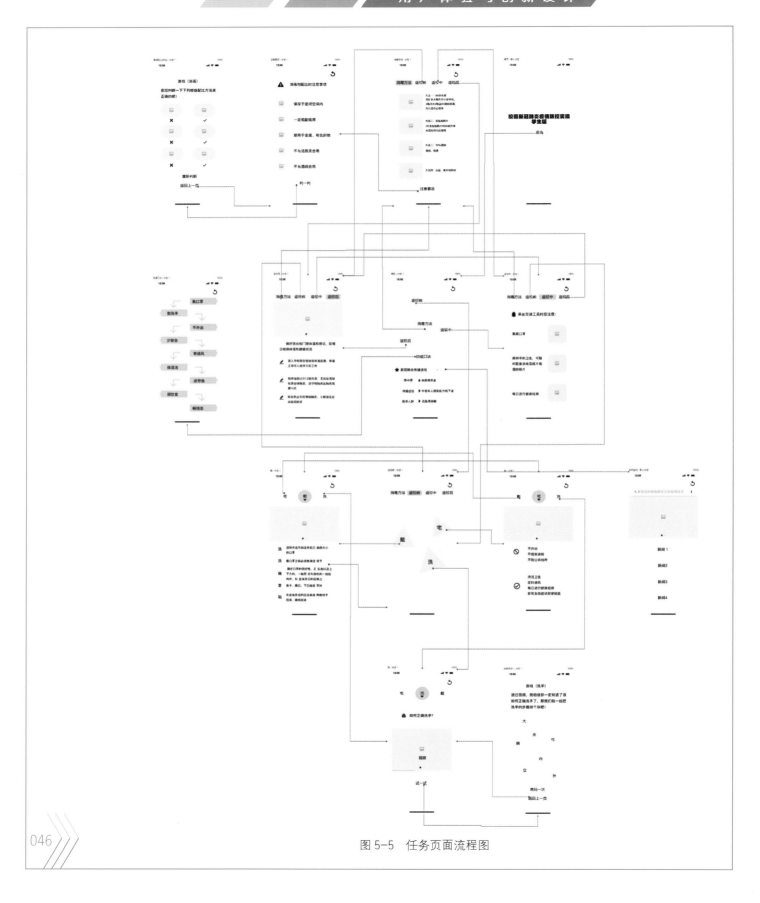

图 5-5　任务页面流程图

【设计小贴士】

小心使用颜色

线框图必须是一系列非黑即白的长方形，还是说允许五颜六色设计的出现？两者皆不是，实际上想清楚地传达设计仅需遵循以下简单的原则：使用灰色阴影作为界面的线框结构和内容。

· 使用不同灰度的区块表达层次

· 将所有图片和图标保留成灰色以防视觉上的突出，在不同元素间适当使用对比保证可读性

· 可以适当考虑使用高亮颜色，表达特殊意义：例如蓝色代表链接，红色代表警告，绿色代表确认等

· 避免使用黑色，因为黑色的边框会让线框凌乱。

纸原型是一种设计方法，也是设计流程"理解用户""定义问题""设计创意""原型""测试"五步中的第四步，设计中设计师并不是为了原型而原型，原型设计便于后续的用户测试和快速迭代，得到最终的设计方案。

从纸原型开始，设计师一步步完成系列具有半功能型的产品模型，并通过后续的用户测试了解功能反馈和使用者感受。纸原型具有制作耗时短、成本低、便于修改的特点，相比较其他种类原型，纸原型为设计师提供更广阔的自由空间，因此通常被用在原型设计和测试的最初阶段。

纸原型用手绘或者计算机辅助设计工具完成原型绘制，将设计图表达在纸面上。具体过程而言，首先准备纸原型的材料，纸张、笔、剪刀、橡皮等，接着把设计方案画在纸上，就设计一个 APP 而言，通常我们先完成最主要的功能，将主要页面画出来，页面的多少取决于完成任务所需的步数。画完后，做一个手机屏幕外壳，将页面一个个剪下来，按照完

图 5-6 纸原型

成任务的顺序排列"页面"。

邀请真实用户对纸面原型进行测试，需要使用的技法，我们称之为"机器人测试"。机器人测试需要两名主持人，一名主持人引导测试流程，另一名主持人则扮演机器人。扮演机器人的主持人模拟操作实际系统的行为，把纸面原型变成一个有功能的原型，当用户要执行某个操作时，主持人就从那堆纸片中找出下一个屏幕或对话元素。

经过以上努力以后，我们已经在尽可能短的时间内，用最小的成本验证了我们的设计方案。可以进一步做出动态交互原型以测试我们的方案，可以体验得更顺畅，并发现一些体验上的细节问题。

轻松迭代：纸张原型设计还可以帮助改进最终产品。原型设计阶段是抓住设计缺陷和改变方向的最佳时机，纸张的灵活性和可处置性鼓励实验和快速迭代。

【设计小贴士】

1. 功能可见

用户体验设计之父唐·诺曼曾借詹姆斯·吉布森提出的"功能可见性"（affordances）的概念来描述用户根据感知到的某些事物获取暗示，从而产生行为的现象。例如界面设计中的按钮往往看起来像是能被按下的；标签栏似乎能提醒用户在内容区块间进行切换的行为等。因此为了清楚表达你的创意，你的按钮就必须要像按钮、标签栏就必须要像标签栏。对于最终产品，功能可见性的意义在于指示某种特定行为，而在线框图绘制阶段，它能让你的表达更容易被直观地理解。

2. 匹配原则

匹配是两种事物之间的关系，通常利用物理环境类比和文化标准，使用户一眼就能明白如何操作或使用。汽车方向盘就是物理类比匹配的一个很好的例子：顺时针转动，汽车就向右转动，逆时针转动就向左转动。文化标准类的匹配如调高音量通常使用加号键，调低使用减号按键。通常而言，功能的可视性高，设计的自然匹配度也高，产品才好用。

3. 反馈原则

反馈概念来自控制科学和信息理论，通常指向用户提供信息，使他知道某项操作是否已经完成，以及操作完成的结果是什么。反馈原则需要及时性、准确性和适度性原则。反馈需要对行为、操作及时做出反应，对错误或偏离目标的操作需要及时发现、及时通知、及时处理。反馈的准确性指信息要真实可靠，客观真实地反映情况，并对反馈信息进行去伪存真、出粗取精的处理。反馈既要有力，又不能过度，这就是适度性原则的基本要求。

4. 避免过度设计

过度设计是新手用户体验设计师的常见错误，设计师需尝试以简化、清晰和快速的方式传达设计理念，不要太花哨。花费大量时间制作界面元素会很浪费时间，因此每当思考一个特定元素是否准备好时，请思考如下问题：

- 它是否能帮助（读者）对该产品用户情境上下文流程的理解？
- 它能清楚地传达其意义和价值吗？
- 你的同事能理解它吗？
- 不要自问设计是否好看，请自问是否合理。

5. 消除干扰物

只有当干扰物消除后我们才能有效沟通，那么什么是线框图中的干扰物呢？略举几例：

- 不适当的配色
- 不合适的保真度
- 丑陋的图片和图标
- 无意义漫画 / 诡异的字体
- 只有你才看得懂的代码

用户体验日记

关键词：纸质用户问卷

在罗马展厅的尽头，放着一个牌子，告诉游客博物馆正在准备新的玛雅文化展厅，希望游客提意见。这是一个正方形的空间，一面墙上写着欢迎大家提建议的文字，对面墙上是一个游戏指南板。

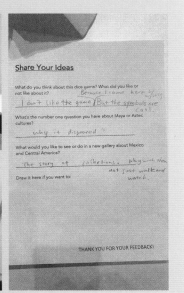

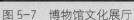

图 5-7　博物馆文化展厅

微课：速简版可用
性测试

▶ 学习任务

请使用电子线框图工具，如墨刀等完成线框图及原型制作。

四、速简版可用性测试

构建原型的主要目的是进行真实的用户测试，获得反馈，从而了解用户需求的满足情况以及使用效果如何。速简版可用性测试（Quick-and-Dirty Usability Test）主要用于测试用户是否能够按预期目标使用产品。正如它的名字那样，我们只需要 10-15 分钟就能完成一个用户的测试。那么需要测试多少用户才能确保测试结果有效呢？早在 2000 年，著名人机交互专家雅各布·尼尔森（Jakob Nielsen）就提出了著名的用户测试人数与产品可用性问题的发现量之间关系，即当用户测试人数为 1 人时，产品可用性问题的发现量达到总量的 1/3；人数增加到 2 人时，问题发现量接近一半，问题内容 与首个被测试者有大量重复；测试人数达到 3 人时，约有 70% 的问题被发现，他 / 她也带来很多新的数据和反馈；人数达到 9 人后，被测试人数增加只能带来小于 10% 的新问题发现。因此，尼尔森得出结论，用户测试人数为 5 人，即可得到 80% 的可用性问题，这也是用于小规模可用性测试的最佳人数。

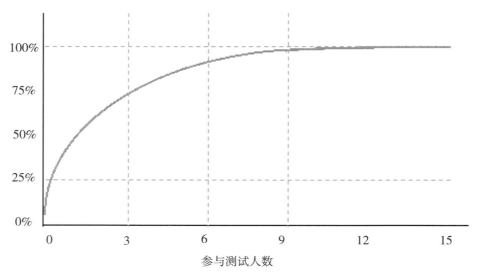

图 5-8　用户测试人数与产品可用性问题的发现量关系

以下是速简版可用性测试法的具体步骤：

1. 用户招募

因为速简版可用性测试法只需要 5 位被试用户，因此一般尽可能选择具有代表性的用户，可以从新老用户、目标用户、潜在用户、年龄段、性别、职业背景等方面考虑。

2. 准备用户测试访谈

这一环节是测试的关键，测试用户是否能够按预期目标使用产品。测试访谈中列出预期目标，如用户是否能自主使用产品，是否能遵循主要功能流程等，在用户试用结束后进行访谈。

3. 用户试用产品，全程视频记录

这一阶段用户试用产品 10 分钟，全程不受干扰，不提供任何提示，并用视频记录过程。

4. 用户访谈

为了给用户提供一个轻松的访谈氛围，可以准备一些零食、饮料和小礼物作为对用户参与的试用的感谢，也有利于后续访谈的顺利完成。访谈主要包括 5 个问题。

a. 您认为这个产品是做什么的？

b. 您在试用时看到了什么？

c. 您认为这个产品如何？

d. 您在试用时有哪些不便之处？

e. 您有哪些改进意见？

5. 访谈反馈及迭代原型

这一阶段，设计师将 5 名受访者的测试数据汇总，整理 10 条左右的可用性问题，并在小组内汇报。小组成员根据问题，修改线框图，得到优化后的低保真原型。

▶ 学习任务

请使用速简版可用性测试作业单完成原型测试。

五、黑色思考帽法

黑色思考帽来自"六项思考帽"，它是英国学者爱德华·德博诺（Edward de Bono）博士开发的一种全面思考问题的思维训练模型，具有提高个人和团队创造力，增加建设性产出和将项目不断向前推进的作用。

六项思考帽分别用蓝色、红色、白色、黄色、绿色、黑色代表，其中蓝色思考帽用天空的蓝色代表冷静，负责控制各种思考帽的使用顺序，规划和管理整个思考过程，并做出结论；红色思考帽表现情绪和情感色彩，表达情绪上的直觉、感受和预感；白色思考帽代表中立和客观的事实、数据和信息；明亮的黄色思考帽代表阳光和乐观，它是从合乎逻辑性、积极性的一面追求利益和价值，寻求解决问题的可行性；生机勃勃的绿色思维帽鼓励发散性、求异思维等不以逻辑性为基础的创造性思考方法，最大程度地关注"可能性"；黑色思维帽是合乎逻辑的否定、质疑、批判，它从负面提出意见，找出错误。

冷静

阳光和乐观

中立和客观

质疑和批判

情绪和情感

创意

图 5-9　六项思考帽

在用户体验设计的原型测试阶段，我们运用黑色思考帽法对首次用户测试的优化方案从负面做批判性思考，它已经被证明是有效的设计批评方法。我们可以在个人或团队中使用，使用前，团队成员需要了解清楚任何一个负面建议的提出都是为了将项目向前推进，提出负面建议的团队成员需要确保自己指出的缺点或不足合乎逻辑之处的改进建议是诚恳而负责任的。

通常，黑色思考帽法需要 30-60 分钟，具体有以下几个步骤。

1. 黑色思考帽法使用准备

使用黑色思考帽需要做人员、场地、物料的准备。首先列出团队成员和提出批判建议的人员名单，确保他们共有 1 小时的时间。团队人员事先需要熟悉黑色思考帽法。场地需要足够的空间供各小组聚集讨论。物料准备：纸、笔用于问题和讨论的记录，并提供大白板最终分享各组讨论记录。

2. 时间及过程控制

a. 从每组选出一半数量的成员，依次按照 A 组向 B 组，B 组向 C 组（总数多余 3 组，依次类推）的顺序安放佩戴黑色思考帽者，每组用 15-20 分钟浏览目标组的整个方案。

b. 假设自己是一个爱挑剔和疑心重重的用户，依次思考以下问题，并告之建议。问题如，"正确吗""符合吗""可行吗""有风险吗""过于繁琐"？

3. 总结与回顾

从项目整体角度回顾目前提出的问题，这一阶段主要是查漏补缺，团队成员通过讨论看是否把关键的问题都考虑到了，通常将缺少的部分贴在白板上或写在便签纸上。最后对设计方案进行优化。

这一步骤完成后，我们将对任务流重新梳理，完成线框图进行优化。

【小贴士】

批判性的反馈通常会带来反感的情绪，但批判式的反馈却是项目完善的必经之路。提意见时我们可以通过设置反馈时间、展示反馈数据和视觉材料等方法，反馈分享前强调注意批判性反馈的重要性，提示放弃对自己或团队设计想法保护的意识，将批判性反馈的重点放在项目讨论，而不是放在提出批判性反馈的人身上。同时，也可以运用一些语言技巧，如幽默式的、关注对方感受的语言，让反馈更容易被接受，更容易生效。

六、低保真原型

低保真原型（Lo-fi prototype）是在正式写代码前开展的工作，它提供用户可与产品操作、交互的功能。正如 Bill Moggridge 所说，低保真原型没有任何矫饰，因此可以得到很多中肯的批判。前文提及的纸原型方法，也是低保真原型的一种，其他可用于制作低保真原型的材料包括实物材料，如纸张、便签贴、硬纸板、木板等，也包括一些数字化工具，如屏幕截图、PPT、线框图软件等。

本节我们将在前面线框图的基础上，将速简版可用性测试和黑色思考帽的反馈用于线框图的优化。此处我们选择线框图软件，完成低保真原型。具体步骤如下：

1. 按照优化完的线框图，为用户行为设计系统反馈，如弹出框、进度条等。

2. 考虑哪些用户的输入，系统将做保密处理，如密码输入、个人信息等。

3. 回顾所有用户可能的行为，确保在低保真原型中都有回应。

4. 回顾所有任务，原型中可以全部完成互动。

【小贴士】

1. 低保真原型实现所有任务，如搜索任务中包括的输入方式选择、实际行为，显示搜索结果等。

2. 系统状态可见。

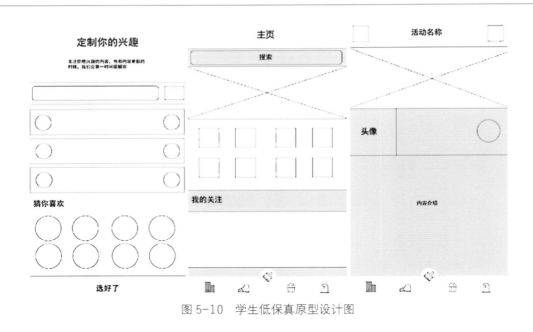

图 5-10　学生低保真原型设计图

七、视频测试法与反思

视频测试应将测试的过程记录下来，用于后续测试报告的完成。这一阶段主要测试产品功能、界面友好度、导航和框架。实施过程包括五个方面：用户选择、确定测试任务、搭建测试团队、实施测试、评价测试结果。

1. 理想的测试用户必须在目标用户群中选择，此时可以选择 1-2 人。确保用户具备测试所需的技术，并能够给予如实反馈。

2. 在确定测试任务环节，设计若干任务，确保原型中的数据、功能、框架、导航等能够全部支撑设计任务的完成。

3. 测试团队至少需要三方面的支撑，分别是测试员、计算机、记录员。测试员负责与用户互动，如介绍被测试的产品，与用户沟通确保测试顺利完成，并进行用户访谈。计算机主要负责将低保真原型呈现在用户面前，因为上一节已经用软件完成低保真原型的设计，此处直接请用户在设备上使用原型即可。记录员的任务是记录测试的过程和发现，如用户使用过程中的行为、表情、语言、肢体动作等。

4. 实施测试中，测试员引导用户完成每一项测试任务，给予明确的反馈，允许用户尝试完成任务的方法。记录员记录测试过程中用户被卡住、不明白、提问、寻求帮助的情形。与被测试者讨论原型使用的体验。

5. 评价测试结果中，首先确定常见问题，将用户提出的改进意见汇总，找出需要改进的部分，优化，完成新的线框图，并在原型软件中实现。优化完成后，再快速进行一次视频测试。

下图是用户在看完在线博物馆再设计方案视频后的测试反馈，可以看出 5 个用户的反馈正向和积极的较多，也指出趣味性和吸引度不够。

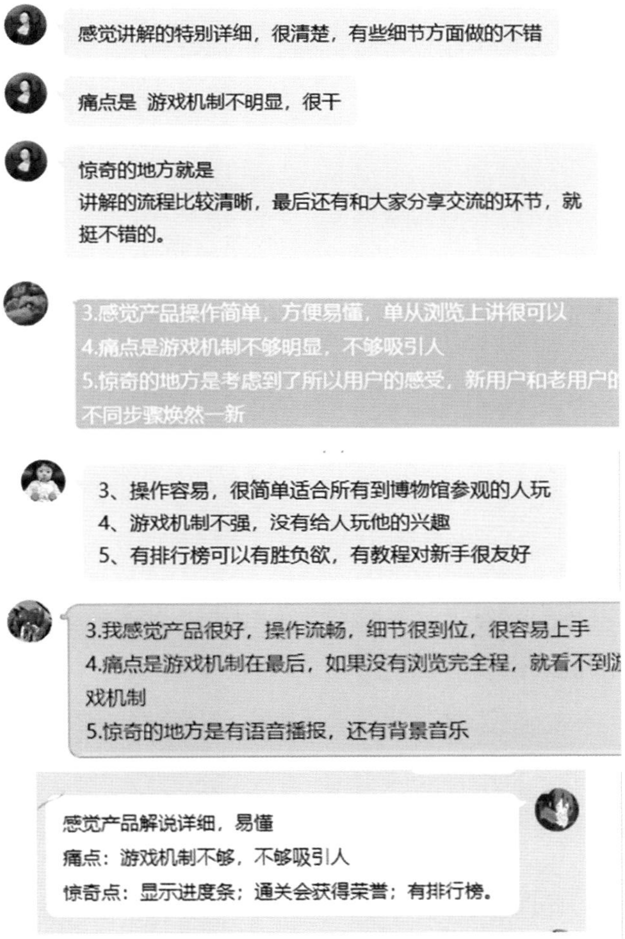

图 5-11　测试反馈

八、高保真原型

通常将完全按照实物制作的原型称为高保真原型，主要是为了创建真实产品前进行更详细的测试。为使得高保真原型与实际产品保持更高程度的一致，需要从外观和视觉、功能、互动方式三个方面进行设计。外观和视觉设计包括完成造型、色彩、材料、图形、字体、视觉风格等各个方面的视觉设计工作；功能主要是将产品设计中的功能实现出来，互动方式包括用户触摸屏幕的点击、滑动、放大缩小等，智能产品中的语音控制、传感器驱动的控制等。

可以进行高保真原型制作的工具很多，移动产品中常用的包括 Axure RP、Adobe XD，国产的墨刀等。Axure RP 是美国 Axure Software Solution 公司生产的一款专业的快速原型设计工具。可以快速设计用户图形界面和交互方式，创建网站、APP 的线框图、流程图、原型页面。Adobe XD 是 Adobe 公司推出的一款便捷、快速开发工具，并可以在设备上直接看到设计效果，并提供了多套实用插件。墨刀是国内较早出现的面向移动互联网产品的原型开发工具，丰富的元件库和针对国内市场的特定界面元件让开发者可以快速开发各类原型。

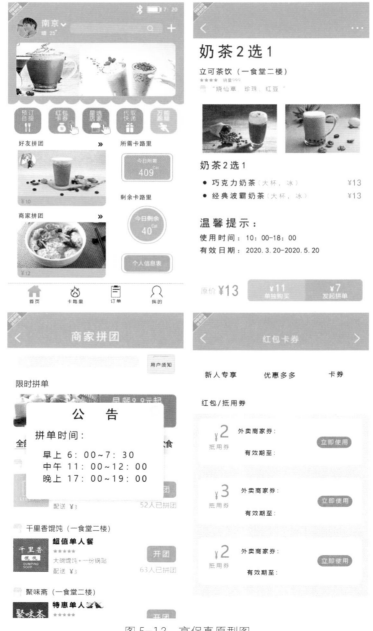

图 5-12　高保真原型图

九、五秒测试法

加拿大卡尔顿大学心理学教授 Gitte Lindgarrd 倡导的五秒测试研究指出，用户对网站产生第一印象只需要 5 秒钟。运用五秒测试法可以测试用户对产品 / 系统 / 服务在最短有效时间内的清晰理解程度和印象深浅。五秒测试法可以和速简可用性测试共同使用。具体进行五秒测试法时，每个页面大约耗时 5-10 分钟。具体步骤如下：

1. 确定测试志愿者

通常选择具有典型代表的被试志愿者，或容易邀请的。告诉志愿者他们将有五秒钟的时间接触页面，之后回答几个问题。

2. 五秒计时

在开始向用户展示产品 / 系统页面时，不出声地计数，并在时间到达时告之用户停止。

3. 问志愿者记住了什么

五秒后，拿走产品或页面。问志愿者记住了什么，说说产品的主要用途和功能是什么？

4. 志愿者是否记住了重要的或希望传达给他的信息

访谈后，总结志愿者是否注意到产品 / 页面中最重要的信息或是否注意到你想传递给他的信息。如果没有，说明产品的信息架构出了问题。如果志愿者说不出产品的主要功能和用途，那么信息的平衡和功能可供性则需要更多的工作。如果产品的属性无法确定，那么需要在导航、品牌或信息传递上进行更多的工作。

5. 对关键页面或功能反复测试

以上四步完成后，设计人员需总结不足，优化产品，并对关键页面或功能进行再次测试。

第六章

个案研究法

【学习目标】

理解个案研究法的作用和各环节要求，并能根据项目作业单完成整个项目的个案研究的撰写。

　　此处应用个案研究法对项目做一个总结，让它吸引更多人的注意力，并把这个故事分享给其他人。个案研究法可以应用在用户体验或产品设计项目的最后环节，它应当体积小而精炼，始终围绕客户的角度展开叙事，展现设计过程，向客户讲述一个易于记忆、快速诉说、便于分享的故事。个案研究法并非基于灵感的写作，而是对设计研究、用户体验等理性工作的记录。

　　通常个案研究法总结一个项目需要 2 小时左右，包含以下几个部分。

　　1. 概述

　　此处是整个项目的摘要。潜在客户在不阅读整个内容的情况下就能快速了解您过去工作的亮点。本节应包括所有其他部分的核心内容，如主要问题、解决方案概述和关键性成果。写作过程中，可以先写下面各个分部分，最后完成概述。

　　2. 设计任务

　　本部分旨在为潜在客户介绍项目背景和设计任务，一般包括三个主要元素：

　　a. 项目背景 / 进度安排 / 预算 / 最终目的

　　b. 设计任务：阐述该项目存在的原因以及打算解决的问题

　　c. 最终目标——如果此项目成功，将定义哪些指标，什么是切实的目标。

　　3. 过程和洞察

　　本节应详细展现设计过程。你是如何找到最终解决方案的？有哪些步骤可以帮助读者得到深入的洞察以及看到解决方案背后凝聚的大量的精力。结果很重要，但结果产生的过程同样重要。

　　4. 研究过程

　　· 目标受众 / 用户角色

　　· 用户旅程

　　· 设计草图

　　· 线框

　　· 时尚指南

　　· 原型

　　· 代码 / 开发

　　· UX 测试笔记

　　· 最终项目

　　如果是团队项目，每个成员需要说明自己的具体工作，如什么时候团队达成共识，你有什么具体的责任。每个阶段需包括文字、图像、视频。

5.解决方案

使用详细的图像和视频展示最终设计，并提供实时项目的链接。描述你的设计作品，并阐述产品功能、用户体验、导航结构、内容策略或独特的属性。补充的视觉材料可以让潜在用户对你的设计更信任。

6.成果

总结中包括反思，如是否已有项目的定性和定量成功指标。这些应该直接解决设计任务的目标。如果这是客户工作，请附上客户采用证明。这也是一个总结经验教训的机会，可以包括将来对流程/方法的调整设想。

以下为学生项目个案研究作业单，从中可以看出完整的用户体验方法和最终的原型效果。

▶ 学习任务

请使用个案研究作业单完成作品的整个项目报告的撰写。

学生作业一：个案研究作业单

个案研究作业单

个案研究（Case Study）的写作面向真实的设计实践，在 Christopher Crouch 所著的 *Doing Research in Design* 一书中，个案研究被列为设计师可用的研究方法之一。

在个案研究的写作中需要描述如何提出问题、设计问题是什么、如何解决、反思和改进，以及个案研究的重要性是什么。个案研究可以用描述、探索、写报告、分析、总结等方法完成，也可以把如何解决问题的过程展现出来。个案研究写作不同于学术论文，无需长篇的学术研究现状和理论的描述。

组长完成整个组项目的汇总，组员汇总个人工作。

一、概述

对案例流程的概述，它能够帮助你无需回顾过去工作的全貌，也能快速理解其中的重点。核心内容包括：主要设计任务、解决方案概述和关键结论。

1.主要任务

线下进行用户调研，完成用户体验问卷，完成 Fly on the wall、SWOT 分析、用户问卷数据、用户画像、手绘草稿、线框图、高保真还原、用户测试视频。

2.解决方案

修改、测试。

3.关键结论

通过本次用户体验设计课程学习，了解到，用户体验设计是以用户为中心的一种设计手段，以用户需求为目标而进行的设计。设计过程注重以用户为中心，用户体验的概念从开发的最早期就开始进入整个流程，并贯穿始终。

二、问题情境及设计任务

这一部分是为目标用户详细描述项目所处情境。

1.背景描述

该设计的背景是什么，任务是什么？

背景：学习的相关课程。

任务：初期选择南信院食堂窗口，进行线下用户调研，分析优势、劣势，解决相关问题，最终为所选择的食堂窗口做一款量身定制的 app 设计。

2.问题

为什么该问题存在，需要解决的问题是什么？

存在原因：人民日益增长的物质文化需要。

需要解决的问题：快捷点餐，了解摄入能量多少、运动消耗及取餐时间。

3.目标

项目成功的衡量标准是什么？切实可行的目标是什么？

这款 app 的独特之处在于它有完整的运动计划，让越来越多的人注重饮食与运动之间的平衡。

三、过程与洞见

整个设计的过程是什么？有什么主要发现？

过程：线下进行用户调研，完成用户体验问卷，完成 Fly on the wall、SWOT 分析、用户问卷数据、用户画像、手绘草稿、线框图、高保真还原、用户测试视频。

发现：一个好的设计应该在不同的用户人群中适当地进行切换。理解设计的正确方法不是那些所谓的设计技巧，而是对色彩、字体、排版、动效这些设计要素，以及对于那些设计原则的正确理解，还有通过观察和收集发现"美"的方法和途径。

四、研究（此部分为本学期作业的图文汇总）

1.目标用户

学生以及教职工群体

2. 用户画像

基本信息（包括姓名、年龄、性别、职业等，描述成一段故事）	林赴棠，一名21岁的大学在校女学生。	照片
兴趣爱好（描述成一段故事）	不爱吃菠菜，爱吃酸与辣，喜欢用笔记录生活，喜欢听戏剧，喜爱看书（亦包括食谱，金石之类的小众书），在家也尝试下厨，爱好整洁，喜欢安静，不喜欢等待。	
典型行为	等待时会有不时张望的动作，并且微微蹙眉。用餐前会用纸擦拭筷子。会在给的配菜中挑出菠菜放在一边。会主动在饭中多加辣椒和番茄酱。吃饭时会选择食堂人群比较稀疏靠窗的地方用餐。一边吃饭一边看书，书上有笔记标注。	
未来的目标	希望平稳地度过大学生活，并找到一份符合自己兴趣的工作。	

3. 线框图

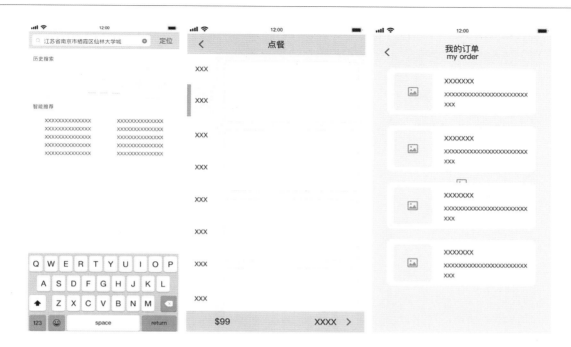

4. 高保真原型

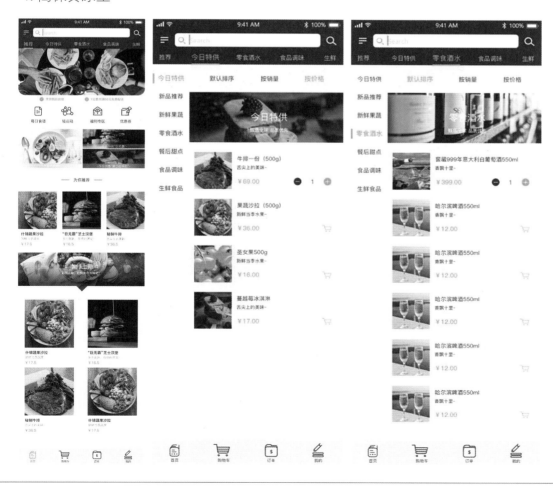

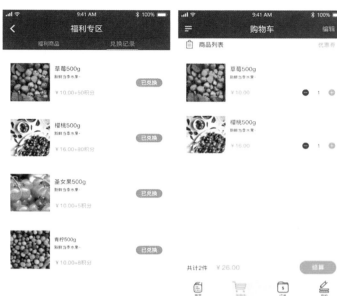

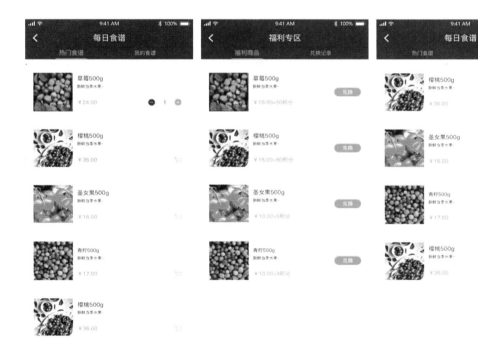

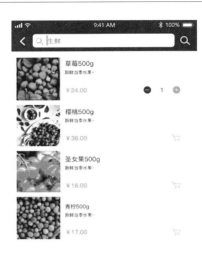

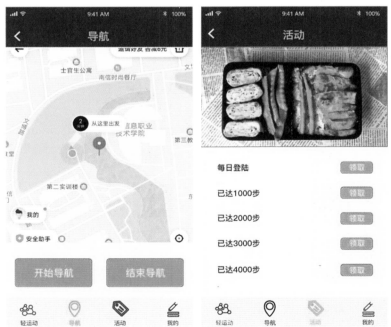

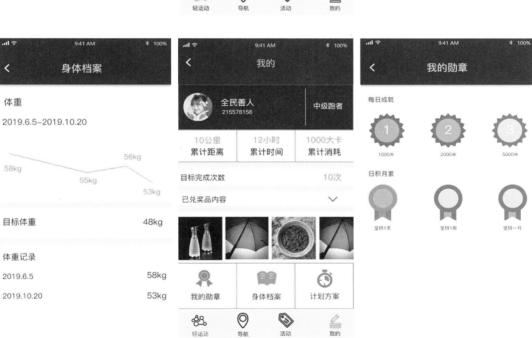

5. 用户体验测试

测试视频：

名称	大小	压缩后大小	类型	修改时间	CRC32
..			本地磁盘		
VIDEO2.mp4	17,347,529	17,327,419	MP4 文件	2019/5/23 22:47	EE7173B5
video4.mp4	15,516,341	15,451,161	MP4 文件	2019/5/24 8:16	985E5AA4
video5.mp4	15,495,427	15,469,146	MP4 文件	2019/5/24 8:28	C2B733BA
video1.mp4	15,449,766	15,425,947	MP4 文件	2019/5/23 21:38	0990F456
video3.mp4	13,218,488	13,189,915	MP4 文件	2019/5/24 7:58	D4F37BA6

6. 最终项目成果

学生作业二：个案研究作业单

个案研究作业单

个案研究（Case Study）的写作面向真实的设计实践，在 Christopher Crouch 所著的 *Doing Research in Design* 一书中，个案研究被列为设计师可用的研究方法之一。

在个案研究的写作中需要描述如何提出问题、设计问题是什么、如何解决、反思和改进，以及个案研究的重要性是什么。个案研究可以用描述、探索、写报告、分析、总结等方法完成，也可以把如何解决问题的过程展现出来。个案研究写作不同于学术论文，无需长篇的学术研究现状和理论的描述。

组长完成整个组项目的汇总，组员汇总个人工作。

一、概述

对案例流程的概述，它能够帮助你无需回顾过去工作的全貌，也能快速理解其中的重点。核心内容包括：主要设计任务、解决方案概述和关键结论。

1.主要任务

分配、协调组员的任务

汇总组员的 word 文档，psd、jpg 素材并进行整体的修改及提交

完成速配健康 app"首页""首页编辑""搜索""我的""订单完成""订单详情""消息"的页面制作及界面图标的制作

2.解决方案

组织组员开会讨论，完成"速配健康 app"的设计，解决大学生在校三餐不规律、营养搭配不健康的问题。

参考同类型 app，取其精华，去其糟粕

网上寻找相关素材

观察和调研用户对象

3.关键结论

组员之间沟通很重要

工作之间需要协调

组员之间需要互相帮助

多学习

多参考

二、问题情境及设计任务

这一部分是为目标用户详细描述项目所处情境。

1.背景描述

该设计的背景是什么，任务是什么？

设计背景：南信院同学饮食健康问题。

任务：为南信院同学设计一个关于健康饮食的 app。

2.问题

为什么该问题存在，需要解决的问题是什么？

在校大学生三餐不规律，营养搭配不健康的原因。

需要解决的问题：

①帮助他们养成良好的饮食习惯，合理地搭配三餐。

②用户学业紧张，没有实际收入，所以在时间和费用方面需要多为目标用户考虑。

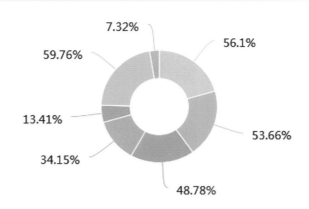

7.32%　56.1%
59.76%
13.41%　53.66%
34.15%
48.78%

■ 减肥　■ 节省时间　■ 省钱，能不吃就不吃　■ 追求潮流，越是不能吃的东西，他们越是要去 "尝试"
■ 家长对他们的指导和关心不够　■ 不太了解健康饮食习惯的重要性　■ 其他

3. 目标

项目成功的衡量标准是什么？切实可行的目标是什么？

项目成功衡量的标准：能够精准地抓住用户需求，吸引用户频繁地去使用它并觉得它很不错，愿意推荐给自己身边的人。

切实可行的目标：渗入同学们的饮食生活。以积极健康饮食为主，帮助同学改善不健康的饮食习惯。记录自己每天的饮食情况（分析每份食物及每餐摄入的蛋白质、热量、脂肪），设计一个健康快捷、美味、实惠的搭配指南。

同时，通过我们的 app，扩展社交圈子，分享自己生活，与他人互动。让用户想用、有兴趣用。

三、过程与洞见

· 整个设计的过程是什么？有什么主要发现？

· Fly on the wall 通过观察、倾听，了解用户及其行为

· 设计典型用户画像

· 制作 "大学生日常饮食健康" 问卷调查

· 制作用户体验地图

· 竞品研究

· 制作同类型 app 流程图

· 竞品分析

· 制作项目简报

· 草图制作

· 线框图制作

· 低保真 app 图制作

- 高保真 app 图制作
- 进行速简版用户测试
- H5 制作

发现理想很丰满，现实很骨感。七个人的小组完成一个复杂、功能丰富的健康 app 是存在一定的困难的。所以我们最后去除一些不那么重要的功能，选择制作一个功能精简且实用的健康 app。

四、研究（此部分为本学期作业的图文汇总）

1. 目标用户

项目简报模板

目标与对象	愿景与策略	语言与风格
在校大学生三餐不规律 营养搭配不健康 目标：为了让大学生学会合理搭配健康饮食，养成良好的饮食习惯 对象：在校大学生	帮助学生们养成良好的饮食习惯，合理搭配三餐 用户学业紧张，没有实际收入，所以在时间和费用方面需要多为目标用户考虑 健康快捷、美味实惠	语言吻合、幽默风趣、轻松舒适 以自己的切实经验为例子，让用户知道饮食健康的重要性 是一位时刻为用户着想的亲朋好友
产品功能	**需求与约束**	**体验层次**
倡导积极健康的饮食，帮助学生改善不健康的饮食习惯。记录自己媒体饮食情况，分析事物卡路里、运动内容、推荐营养食谱搭配。同时，通过产品扩大社交圈，分享自己的生活，与他人互动，让用户想用、有兴趣用。	用户个人资料（清晰明了） 通俗易懂，能吸引人，满足用户需求	了解饮食搭配，养成好的饮食习惯，看到一个健康、快乐的自己。与他人的联系更加紧密。

2. 用户画像

用户画像作业单

请为项目／产品目标用户设计典型画像，注意这个人物并不是现实中真实存在的，而是一个符合你项目或产品定位的目标用户。

基本信息（包括姓名、年龄、职业等，描述成一段故事）	小钱，20 岁，一名在校女大学生，轻微肥胖	照片
兴趣爱好 （描述成一段故事）	小钱爱追剧，爱打游戏，平时生活大多数是在教学楼、食堂、宿舍三点一线	
典型行为	不爱运动； 能躺着就不坐着、能坐着就不站着； 不爱吃果蔬； 爱吃外卖； 爱吃零食； 爱吃麻辣烫、火锅； 爱吃炸鸡和薯条等高热量食物、爱喝可乐； 边吃饭拿手机追剧； 平时不注意饮食搭配、想吃什么就吃什么； 偏爱吃肉食； 没有准时吃饭时间，饥一顿饱一顿，暴饮暴食； 不吃早饭； 挑食，有时只吃一种食物； 带着自己的饮食习惯，不会因地制宜	
未来目标	按时吃饭 注意膳食搭配 少吃甚至不吃零食，不喝碳酸饮料	

3. 用户旅程图

用户旅程地图作业单

A 区		
用户画像	体验场景	目标与期望
小钱，20 岁，一名在校女大学生，轻微肥胖	宿舍、食堂	健康饮食，合理运动

B 区			
体验阶段	记录个人饮食、运动、睡眠等信息	选择卡路里控制食物、在"顾问"页面寻找推荐运动和食物	与好友一起结对记录、打卡	完成一个周任务，获得奖励积分

用户行为（接触点）	记录体重 记录饮食运动 记录睡眠	"顾问"页面发现并挑选低卡路里食物，和运动	在"任务"页面和好友一起记录、打卡	在"我的"页面获得奖励，看到奖励积分
	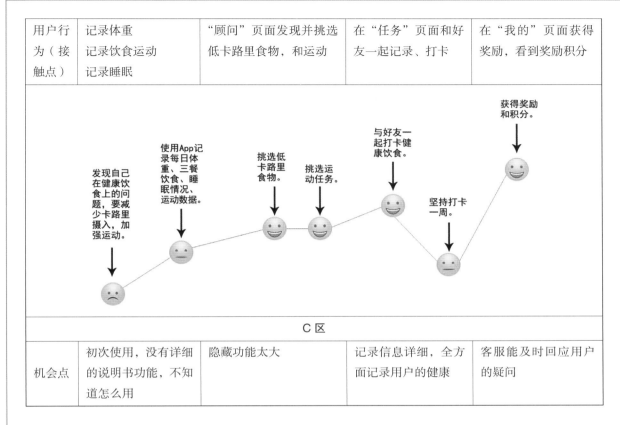 C区			
机会点	初次使用，没有详细的说明书功能，不知道怎么用	隐藏功能太大	记录信息详细，全方面记录用户的健康	客服能及时回应用户的疑问

4. 设计草图

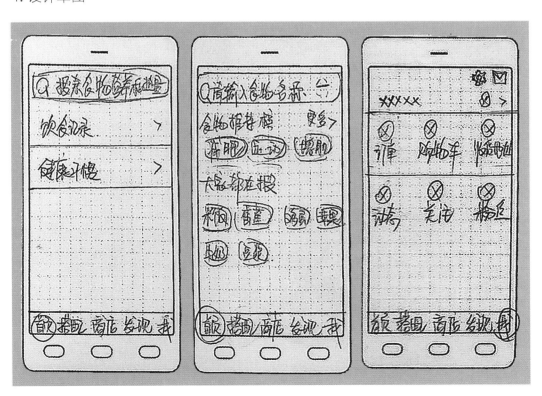

5. 线框图

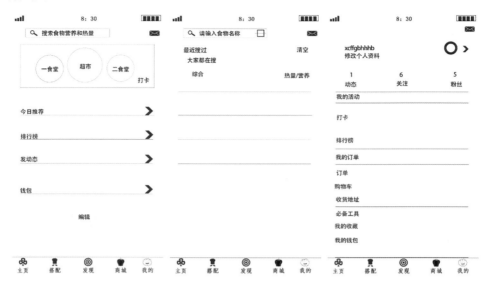

6. 视觉风格（情绪板）

情绪板作业单

App 名称：速配健康			
核心关键词			
1. 快速	2. 健康	3. 新鲜	4. 实惠
视觉资料			

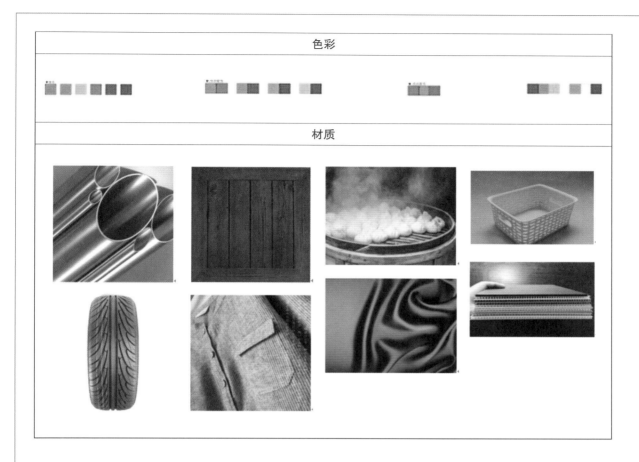

7. 高保真原型

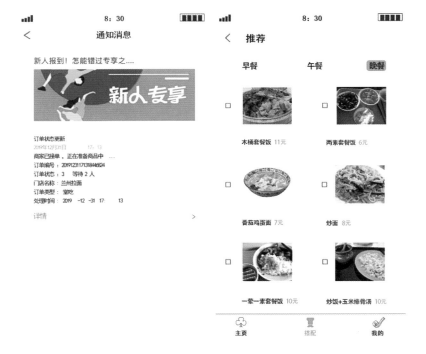

8. 用户体验测试

速简版可用性测试模板

用户 1： 用户描述：男、正常体型，平时的兴趣爱好是健身跑步，偶尔玩玩游戏，饮食方面比较健康	时间：5：20	地点：食堂	测试者：小王
	您认为这个产品是做什么的？ 是一款保证饮食健康的一款 App，让我们更加自律		
可用性问题关键词 （3-5 个） a. 针对食堂 b. 快速方便 c. 让人自律	b. 您在试用时看到了什么？ 看到了饮食推荐方案， 还有一些平时看到的饮食中的成分， 对于有选择恐惧症又不知道怎么吃又想要健康的人来说是不错的软件。		
	c. 您认为这个产品如何？ 相比于一些其他专业的减肥开支饮食时有很大的不足，但是针对我们学校食堂饮食来说不错。		
	d. 您在使用时有哪些不便之处？ 暂时没有。		

速简版可用性测试模板

用户 2： 用户描述：男、健康，运动不多，饮食习惯还算健康	时间：12：20	地点：食堂	测试者：黄同学
	1. 您认为这个产品是做什么的？ 饮食健康搭配 监督减肥		
可用性问题关键词 （3-5 个） a. 卡路里计算 b. 饮食记录 每日打卡 营养师搭配分享	2. 您在试用时看到了什么？ 话题榜 分享图 打卡		
	3. 您认为这个产品如何？ 挺适合大学生饮食的一款 App		
	4. 您在使用时有哪些不便之处？ 没有。		

速简版可用性测试模板

用户 3： 用户描述：女，大二学生，吃饭不定时，偏食	时间：11：20	地点：食堂	测试者：小刘
	1. 您认为这个产品是做什么的？ 针对不注重饮食健康和想控制卡路里的同学		
可用性问题关键词 （3–5 个） a. 快捷	2. 您在试用时看到了什么？ 搭配三餐的食物 打卡 算食物卡路里		
b. 方便	3. 您认为这个产品如何？ 符合现在快节奏生活		
c. 健康	4. 您在使用时有哪些不便之处？ 需要再简单明了		

速简版可用性测试模板

用户 4： 用户描述：女，微胖，比较宅，喜欢玩游戏，爱吃甜食	时间：11：40	地点：食堂	测试者：张同学
	1. 您认为这个产品是做什么的？ 提供良好的饮食习惯		
可用性问题关键词 （3–5 个） a. 健康	2. 您在试用时看到了什么？ 清晰的列出食物推荐		
	3. 您认为这个产品如何？ 不错，可以和朋友们一起控制卡路里		
b. 快速方便	4. 您在使用时有哪些不便之处？ 体重减脂页面再详细一点		
c. 自我饮食管理			

速简版可用性测试模板

用户 5： 用户描述：男，正常体型，爱好运动，喜欢吃快餐	时间：5：20	地点：食堂	测试者：小王
	1. 您认为这个产品是做什么的？ 一款帮助健康饮食的 App		
可用性问题关键词 （3–5 个） a. 健康	2. 您在试用时看到了什么？ 饮食搭配 社交互动 食堂的菜单		
b. 方便	3. 您认为这个产品如何？ 不错，而且匹配食堂吃饭时间		
c. 积极	4. 您在使用时有哪些不便之处？ 推荐的搭配品种比较少，可以怎么一些		

9. 最终项目成果

五、解决方案

此处展示项目的最终图片、视频、网站等资料，用文字描述作品，包括方案的特征、导航结构、内容策略等。

我们的 app 名为速配健康。服务对象为南信院的在校大学生们。

我们经过一系列的观察以及调研发现在校大学生普遍存在三餐不规律，营养搭配不健康的问题。

所以我们设计这个 app 是为了渗入大学生的饮食生活，教他们学会合理搭配健康饮食，养成良好的饮食习惯，从而看到一个健康，快乐的自己。我们考虑到用户学业紧张，没有实际收入，所以在时间和费用方面为目标用户考虑。

我们的初步构思是从宿舍、一食堂、二食堂、超市出发，做一个健康快捷、美味、实惠的早餐、午餐、晚餐、外卖搭配指南 app，同时，提供线上下单服务，不用苦苦等待，也能吃到美味食物。让同学们能够节约时间，去做更多自己喜欢的事情。下单完成后，消息会自动更新提示，告诉用户号排号，目前排在第几位，还需要等待几位。

我们的 app 可以记录用户自己每天的饮食情况（分析每份食物及每餐摄入的热量、蛋白质、脂肪）。

此外，我们提供了每日打卡以及排行榜的功能，让大家每天都有健康饮食的仪式感和调动用户每天使用 app 的积极性。我们还提供了分享功能。通过我们的 app，扩展社交圈子，分享自己生活，与他人互动，与他人的联系更加紧密。同时，也推广了我们的 app。

六、结论

快速回顾整个项目。项目成功与否，为什么？是否有证明项目成功与否的量或质的标准？是否有经验教训可用于未来的项目？

快速回顾整个项目。项目是成功的。因为通过小组成员之间的努力及合作，我们的app顺利地按时做完了。而且我们的app整体功能较完整，页面简洁大方，基本达到了我们组初步的构思要求和目标。

教训：没有更全面地一开始就考虑到时间及人员问题，只顾着想我们要做什么，怎么做。到最后发现我们可能做不完时，不得已删减了商城和发现两个大的板块以及一些小的界面。

想法还不够成熟，思考问题也不够全面，没有及时和组员商讨，处理问题。和组员交流不够，导致很多时候组员没有明白她的任务要求，最后做了无用功，还需要返工。对组员的分工不明确，有时候组员不理解自己需要做什么。

综上所述，以后的项目会注意。

学生作业三：个案研究作业单

个案研究作业单

个案研究（Case Study）的写作面向真实的设计实践，在 Christopher Crouch 所著的 *Doing Research in Design* 一书中，个案研究被列为设计师可用的研究方法之一。

在个案研究的写作中需要描述如何提出问题、设计问题是什么、如何解决、反思和改进，以及个案研究的重要性是什么。个案研究可以用描述、探索、写报告、分析、总结等方法完成，也可以把如何解决问题的过程展现出来。个案研究写作不同于学术论文，无需长篇的学术研究现状和理论的描述。

组长完成整个组项目的汇总，组员汇总个人工作。

一、概述

对案例流程的概述，它能够帮助你无需回顾过去工作的全貌，也能快速理解其中的重点。核心内容包括：主要设计任务、解决方案概述和关键结论。

1.主要任务

制作一个南信饮食的app。组织小组成员完成前期调研，后期制作草图、线框图和高保真图。

2.解决方案

组织小组讨论，网上查找资料，竞品研究。

3.关键结论

团队工作很重要。

二、问题情境及设计任务

这一部分是为目标用户详细描述项目所处情境。

1. 背景描述

该设计的背景是什么，任务是什么？

设计背景：南信院学生健康饮食问题

任务：为南信院学生设计一个健康饮食的 app

2. 问题

为什么该问题存在，需要解决的问题是什么？

南信院饮食调查

第 1 题　请问你会一个人吃饭吗？　　　［单选题］

选项	小计	比例
从不	13	15.12%
偶尔	52	60.47%
经常	19	22.09%
总是	2	2.33%
本题有效填写人次	86	

第 2 题　平常饮食是喜欢清淡还是偏重？　　　［单选题］

选项	小计	比例
都行	46	53.49%
清淡	25	29.07%
偏重	15	17.44%
本题有效填写人次	86	

第 3 题　喜欢吃油炸类食物吗？　　　［单选题］

选项	小计	比例
喜欢	22	25.58%
一般	49	56.98%
不喜欢	15	17.44%
本题有效填写人次	86	

第 4 题　吃饭时会选择喝什么？　　[单选题]

选项	小计	比例
不喝	12	13.95%
水	43	50%
饮料	26	30.23%
其他	5	5.81%
本题有效填写人次	86	

第 5 题　平常吃饭会注意营养均衡吗？　　[单选题]

选项	小计	比例
从不注意	10	11.63%
偶尔注意	54	62.79%
很在意	22	25.58%
本题有效填写人次	86	

第 6 题　对南信院的饮食你有什么建议吗？　　[单选题]

选项	小计	比例
没有	59	68.6%
有	27	31.4%
本题有效填写人次	86	

第 7 题　你想要与人一起用餐吗？　　[单选题]

选项	小计	比例
想	0	0%
无所谓	1	50%
不想	1	50%
本题有效填写人次	2	

3. 目标

项目成功的衡量标准是什么？切实可行的目标是什么？

衡量项目成功的标准是：

能够精准地抓住用户需求，吸引用户使用它并且愿意推荐给其他人使用。

切实可行的目标是：

提醒同学注意自己的饮食健康，记录自己每天的饮食情况。通过我们的 app，分享自己生活，与他人互动。

三、过程与洞见

整个设计的过程是什么？有什么主要发现？

Fly on the wall 通过观察、倾听，了解用户及其行为

设计典型用户画像

制作"大学生日常饮食健康"问卷调查

制作用户体验地图

竞品研究

制作同类型 app 流程图

竞品分析

制作项目简报

草图制作

线框图制作

高保真 app 图制作

进行速简版用户测试

H5 制作

主要发现：

我们对这次的作业不熟悉，作业完成比较慢

四、研究（此部分为本学期作业的图文汇总）

1. 目标用户

1. 实地观察前	
A：请写出你打算观察的情境、行为、对象： 晚自习结束、打饭后坐下吃饭、一个学生	B：出发前确认已带上作业单、相机、铅笔等工具 已带

2. 实地观察

行为（A）：
A：用户完成某项任务的行为和过程是什么？

想要买饭、去食堂、犹豫徘徊、确定一个窗口、选择自己喜爱的食物、食堂阿姨装给他、付钱、拿餐具、去就餐区吃饭

B：用户用了多长时间完成任务？	C：哪些人与用户一同完成任务？
5 分钟	食堂打饭阿姨

环境（E）：
A：用户周围是什么样的环境？

嘈杂、很多人，就餐时周围很安静

B：任务的不同阶段，用户接触了哪些不同环境？

在人群中与阿姨交流打饭；在拿筷子时，用户穿过人群，去消毒柜拿筷子；去就餐区一个人单独吃饭

互动（I）：
A：记录用户的互动场景

1. 与打饭阿姨交流	2. 用手机付款
3. 拿筷子	4. 坐在餐椅上吃饭

B：用户在完成任务的各个阶段都与哪些人／物互动？	C：互动中的一些突发事件或有别常态的情况
自己点餐（与打饭阿姨互动） 使用支付宝刷码付款（与手机互动） 拿筷子（与消毒柜互动） 吃饭（餐桌互动）	无特殊情况发生

互动时的物品（O）：
A：完成任务时用户接触到哪些物品？描述物品的材料、样式、所处环境
餐盘：塑料制品，椭圆形 手机：智能手机，复合材料 筷子：不锈钢，在消毒柜里 座位：复合材料，多人餐桌
B：这些物品与完成任务如何关联？ 缺少一样都不能完成任务
用户（U）：
A：被观察的用户是什么角色？与 Ta 有关的人有哪些？
下了晚自习后的一名男生。一个人
B：Ta 所在的场景有哪些？
食堂打了饭，拿筷子的地方，吃饭

2. 用户画像

		照片
基本信息（包括姓名、年龄、性别、职业等，描述成一段故事）	宋年年，20 岁，身高 160cm，是一个普通的女大学生。平常除了上课就是宅在宿舍。平常毫不顾忌想吃什么吃什么，脸上有痘，身材微胖。	
兴趣爱好 （描述成一段故事）	宋年年的室友每天吃的食物营养均衡，很养生。宋年年躺在床上玩手机时偶然看见室友身材很苗条，皮肤光滑、气色很好。宋年年很喜欢吃肉并且重油重盐，她还喜欢喝碳酸饮料，每次路过食堂总想吃根烤肠或者买瓶可乐。	
典型行为	上午下课，在食堂吃了烤肉饭；然后又吃了一个烤肠并喝了一听可乐。	
未来的目标	身材纤细一点，脸上的痘少一点。	

3. 用户旅程图

用户体验地图作业单

A 区		
用户画像	体验场景	目标与期望
宋年年、20岁、身高160cm，是一个普通的女大学生。平常在除了上课就是宅在宿舍。平常毫不顾忌想吃什么吃什么，脸上有痘，身材微胖。	宿舍、食堂、记录自己饮食	了解三餐卡路里，健康饮食的情况

B 区				
体验阶段	记录个人饮食	查询食物成分	查询三餐卡路里	对比数据
用户行为（接触点）	记录一餐吃了什么	在查询界面输入食物名称，查询食物成分	在查询界面输入食物名称，查询食物卡路里	在数据对比页面查看是否超标

记录一餐吃了什么。

在查询界面输入食物名称，查询食物成分。

在查询界面输入食物名称，查询食物卡路里。

在数据对比页面查看是否超标。

C 区				
机会点	记录每天饮食，可以获得数据	输入麻烦，提供快捷的点选功能	查询麻烦，提供快捷的点选功能	查出超标或未超标，提供健康饮食建议

4. 设计草图

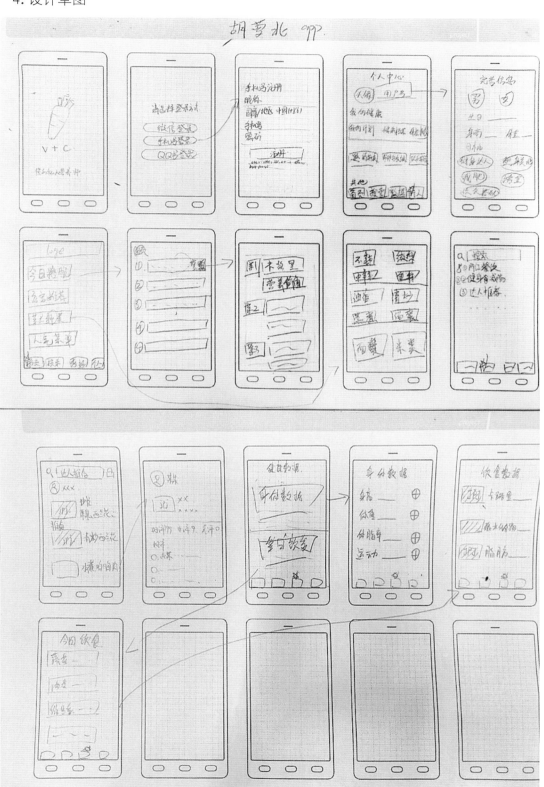

5. 线框图

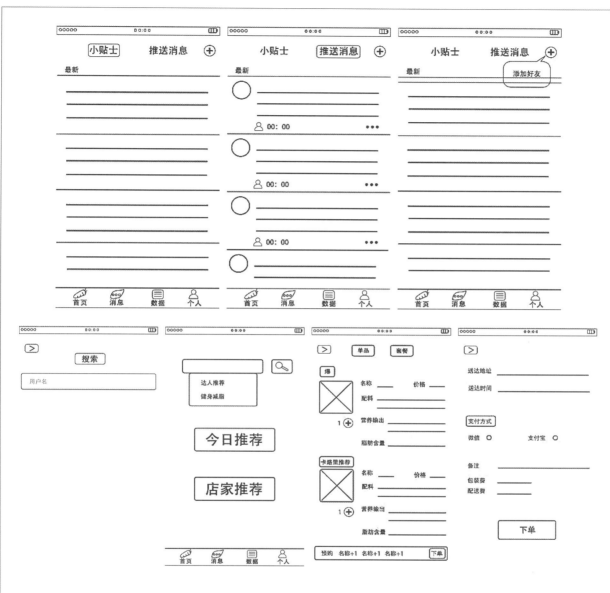

6. 视觉风格（情绪板）

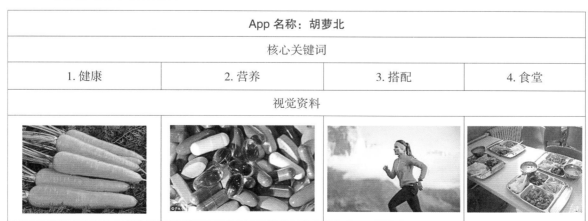

App 名称：胡萝北			
核心关键词			
1. 健康	2. 营养	3. 搭配	4. 食堂
视觉资料			

色彩			
材质			
果蔬	药粉	棉布	钢铁

7. 高保真原型

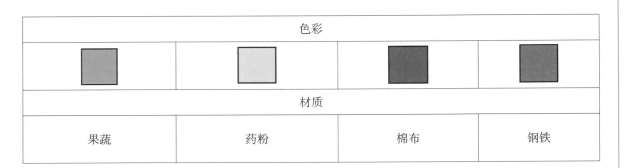

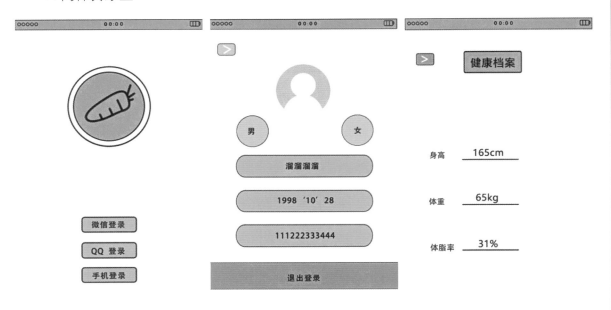

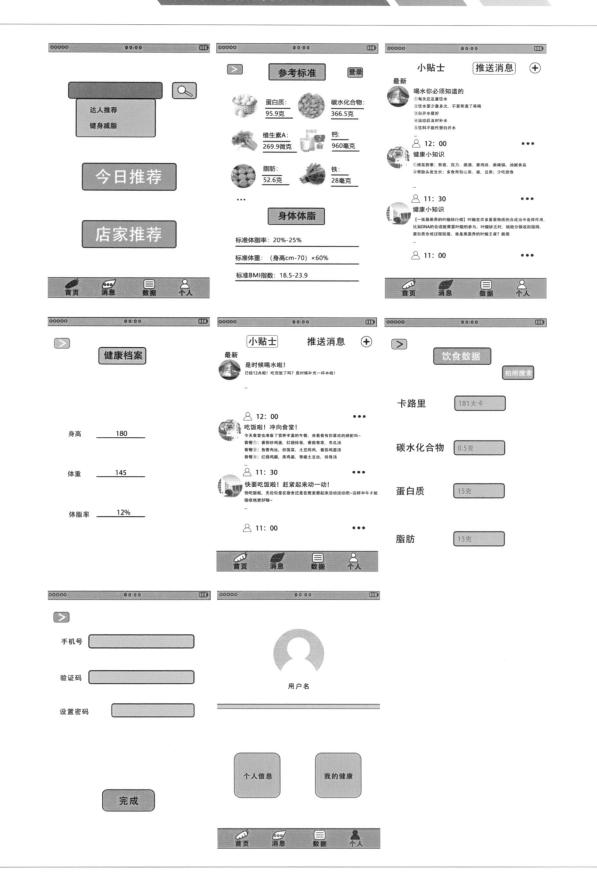

8. 用户体验测试

	时间：2019.05.20	地点：宿舍	测试者：刘宇
用户：刘宇 用户描述：希望自己每日的营养摄入能更科学一些	您认为这个产品是做什么的？ 帮助学生合理地饮食，健康科学地生活		
可用性问题关键词 （3-5个）： a. 合理饮食	您在试用时看到了什么？ 每日科学地饮食是十分有必要的，不应该暴饮暴食，也不应该单一地饮食， 应该更科学合理地摄入营养		
b. 摄入营养 c. 科学健康	c. 您认为这个产品如何？ 认为这个产品还是很棒的，能在一定程度上帮助大家更加合理科学地饮食		
d.	d. 您在试用时有哪些不便之处？ 有些地方设计得不是很合理，使用起来不是很方便		
e.	e. 您有哪些改进意见？ 希望页面能设计地更加合理，更符合大家的需求		

	时间：2019.5.20	地点：食堂	测试者：学生
用户：陈志寰 用户描述：学校一名大二的士官生，平常饭量比较大，时间比较紧	a. 您认为这个产品是做什么的？ 改善饮食不规律的软件		
可用性问题关键词 （3–5个）： a. 健康 b. 规律 c. 荤素搭配 d. e.	b. 您在试用时看到了什么？ 每天可以规律饮食，荤素搭配有理有据		
	c. 您认为这个产品如何？ 挺合理的，能够规划食物热量，也能控制饮食不规律现象的发生		
	d. 您在试用时有哪些不便之处？ 数据有些不清晰。 搜索时不方便		
	e. 您有哪些改进意见？ 有些页面需要设计得更完美，让人一眼就能看到自己想要的		

	时间：2019.05.20	地点：宿舍	测试者：刘宇
用户：刘宇 用户描述：同班同学平时能合理地饮食但希望自己每日的营养摄入能更科学一些	您认为这个产品是做什么的？ 帮助学生健康科学地饮食，合理地生活		
可用性问题关键词 （3-5个）： a. 合理饮食	您在试用时看到了什么？ 每日科学地饮食是十分有必要的，不应该暴饮暴食，也不应该单一的饮食，应该更科学合理地摄入营养		
b. 摄入营养 c. 科学健康	c. 您认为这个产品如何？ 认为这个产品还是很棒的，能在一定程度上帮助大家更加合理科学地饮食		
d.	d. 您在试用时有哪些不便之处？ 有些地方设计的不是很合理，使用起来不是很方便		
e.	e. 您有哪些改进意见？ 希望页面设计地能更加合理，更符合大家的需求		

时间：2019.5.20	地点：食堂	测试者：学生

用户：陈志寰 用户描述：__ 学校一名大二的士官生，平常饭量比较大，时间比较紧	a. 您认为这个产品是做什么的？ 改善饮食不规律的软件
可用性问题关键词 （3-5 个）： a. 健康 b. 规律 c. 荤素搭配 d. e.	b. 您在试用时看到了什么？ 每天可以规律饮食，荤素搭配有理有据。
	c. 您认为这个产品如何？ 挺合理的，能够规划食物热量，也能控制饮食不规律
	d. 您在试用时有哪些不便之处？ 数据有些不清晰。 搜索时不方便
	e. 您有哪些改进意见？ 有些页面需要设计的更完美，让人一眼就能看到自己想要的

	时间：2019.5.20	地点：宿舍	测试者：王明
用户：学生 用户描述：大二学生 平时饮食偏油腻	您认为这个产品是做什么的？ 关于饮食健康 健康饮食搭配		

可用性问题关键词 （3–5个）： a. 健康 b. 荤素搭配 c. 营养 d. 全面 e.	您在试用时看到了什么？ 很多搭配推荐 教我们怎么吃才更加营养、更加健康
	c. 您认为这个产品如何？ 好
	d. 您在试用时有哪些不便之处？ 觉得搭配的种类还不够全面
	e. 您有哪些改进意见？ 尽量种类更加全面一些

	时间：2019.05.20	地点：宿舍	测试者：周洪燕
用户：周洪燕 用户描述：希望快捷找到合理饮食的参考，方便使用，贴合生活	您认为这个产品是做什么的？ 帮助同学们学会健康饮食，对自己的身体负责		
可用性问题关键词 （3-5个）： a. 合理饮食	您在试用时看到了什么？ 每天如何科学地摄入营养，推荐列表简洁，使用方法简便		
b. 合理摄入	c. 您认为这个产品如何？ 非常适合当代大学生，因为学生对生活常识不了解，离开家庭，不太了解应该如何理性地吃饭，健康地吃饭		
c.			
d.	d. 您在试用时有哪些不便之处？ 界面与界面之间关联性不是很强，界面有些散碎		
e.	e. 您有哪些改进意见？ 希望界面推荐能够进入时，逻辑更加缜密，懂得他们之间的连接		

9. 最终项目成果

五、解决方案

此处展示项目的最终图片、视频、网站等资料，用文字描述作品，包括方案的特征、导航结构、内容策略等。

App 名称为胡萝北。服务对象为南信院的在校大学生。

我们发现很多学生的饮食搭配不均衡，摄入营养不平衡，所以我们的胡萝北 app 让学生们意识到饮食搭配要均衡，注重自己的健康。

通过同步校园食堂菜系可以让同学了解具体菜色，合理搭配。我们的 app 可以记录用户自己每天的饮食情况分析每天营养的摄入情况。

同时 app 还具有小贴士、消息推送功能，提醒用户注意事项和饮食相关信息。

六、结论

快速回顾整个项目。项目成功与否，为什么？是否有证明项目成功与否的量或质的标准？是否有经验教训可用于未来的项目？

项目比较成功。因为通过我们小组的相互磨合，我们顺利完成了这次的项目。并且基本达到了我们小组初步的构思要求和目标。

小组分工要明确，才能事半功倍。我们了解了制作 app 的流程，下次制作时会更加熟练。